艾莉森 · 佩奇（Alison Page）
[英] 霍华德 · 林肯（Howard Lincoln）著
卡尔 · 霍尔德（Karl Held）

赵婴 樊磊 刘畅 郭嘉欣 刘桂伊 译

适合9～10岁

牛津给孩子的信息科技通识课

清华大学出版社
北京

内 容 简 介

新版《牛津给孩子的信息科技通识课》共 9 册，旨在向 5 ~ 14 岁的学生传授重要的计算思维技能，以应对当今的数字世界。本书是其中的第 5 册。

本书共 6 单元，每单元包含循序渐进的 6 部分内容和一个自我测试。教学环节包括学习目标、学习内容、课堂活动、额外挑战和更多探索等。自我测试包括一定数量的测试题和以活动方式提供的操作题，读者可以自测本单元的学习成果。第 1 单元介绍计算机网络；第 2 单元介绍如何在网上查找和选择信息，如何正确使用查到的信息；第 3 单元介绍创建包含循环结构的算法，以及由退出条件控制循环的程序；第 4 单元介绍如何编写使用多种循环和 x、y 坐标的程序；第 5 单元介绍如何用数码相机拍摄照片，以及如何用计算机对照片进行修饰；第 6 单元介绍如何使用电子表格存储文本、数值及计算结果，如何使用电子表格管理业务。

本书适合学习本课程第 5 年的 9~10 岁的学生阅读，可以作为培养学生 IT 技能和计算思维的培训教材，也适合学生自学。

北京市版权局著作权合同登记号　图字：01-2021-6585

图书在版编目（CIP）数据

牛津给孩子的信息科技通识课 . 5 / (英) 艾莉森 • 佩奇 (Alison Page) , (英) 霍华德 • 林肯 (Howard Lincoln) , (英) 卡尔 • 霍尔德 (Karl Held) 著 ; 赵婴等译 . —北京：清华大学出版社，2024.9

书名原文：Oxford International Primary Computing Student Book 5

ISBN 978-7-302-61203-2

Ⅰ . ①牛…　Ⅱ . ①艾… ②霍… ③卡… ④赵…　Ⅲ . ①计算方法－思维方法－青少年读物　Ⅳ . ① O241-49

中国版本图书馆 CIP 数据核字 (2022) 第 119807 号

责任编辑： 袁勤勇
封面设计： 常雪影
责任校对： 郝美丽
责任印制： 沈　露

出版发行： 清华大学出版社

网　　址： https://www.tup.com.cn，https://www.wqxuetang.com
地　　址： 北京清华大学学研大厦 A 座　　**邮　　编：** 100084
社 总 机： 010-83470000　　**邮　　购：** 010-62786544
投稿与读者服务： 010-62776969，c-service@tup.tsinghua.edu.cn
质 量 反 馈： 010-62772015，zhiliang@tup.tsinghua.edu.cn

印 装 者： 小森印刷（北京）有限公司
经　　销： 全国新华书店
开　　本： 210mm×260mm　　**印　　张：** 7.25　　**字　　数：** 135 千字
版　　次： 2024 年 9 月第 1 版　　**印　　次：** 2024 年 9 月第 1 次印刷
定　　价： 59.00 元

产品编号：089972-01

序言

2022年4月21日，教育部公布了我国义务教育阶段的信息科技课程标准，我国在全世界率先将信息科技正式列为国家课程。“网络强国、数字中国、智慧社会”的国家战略需要与之相适应的人才战略，需要提升未来的建设者和接班人的数字素养和技能。

近年，联合国教科文组织和世界主要发达国家都十分关注数字素养和技能的培养和教育，开展了对信息科技课程的研究和设计，其中不乏有价值的尝试。《牛津给孩子的信息科技通识课》是一套系列教材，经过多国、多轮次使用，取得了一定的经验，值得借鉴。该套教材涵盖了计算机软硬件及互联网等技术常识、算法、编程、人工智能及其在社会生活中的应用，设计了适合中小学生的编程活动及多媒体使用任务，引导孩子们通过亲身体验讨论知识产权的保护等问题，尝试建立从传授信息知识到提升信息素养的有效关联。

首都师范大学外国语学院赵婴教授是中外教育比较研究者；首都师范大学教育学院樊磊教授长期研究信息技术和教育技术的融合，是普通高中信息技术课程课标组和义务教育信息科技课程课标组核心专家。他们合作翻译的该套教材对我国信息科技课程建设有参考意义，对中小学信息科技课程教材和资源建设的作者有借鉴价值，可以作为一线教师的参考书，也可供青少年学生自学。

熊璋

2024年5月

译者序

2014年，我国启动了新一轮课程改革。2018年，普通高中课程标准（2017年版）正式发布。2022年4月，中小学新课程标准正式发布。新课程标准的发布，既是顺应智慧社会和数字经济的发展要求，也是建设新时代教育强国之必需。就信息技术而言，落实新课程标准是中小学教育贯彻“立德树人”根本目标、建设“人工智能强国”及实施“全民全社会数字素养与技能”教育的重要举措。

在新课程标准涉及的所有中小学课程中，信息技术（高中）及信息科技（小学、初中）课程的定位、目标、内容、教学模式及评价等方面的变化最大，涉及支撑平台、实验环境及教学资源等课程生态的建设最复杂，如何达成新课程标准的设计目标成为未来几年我国教育面临的重大挑战。

事实上，从全球教育视野看也存在类似的挑战。从2014年开始，世界主要发达国家围绕信息技术课程（及类似课程）的更新及改革都做了大量的尝试，其很多经验值得借鉴。此次引进翻译的《牛津给孩子的信息科技通识课》就是一套成熟的且具有较大影响的教材。该套教材于2014年首次出版，后根据英国课程纲要的更新，又进行了多次修订，旨在帮助全球范围内各个国家和背景的青少年学生提升数字化能力，既可以满足普通学生的计算机学习需求，也能够为优秀学生提供足够的挑战性知识内容。全球任何国家、任何水平的学生都可以随时采用该套教材进行学习，并获得即时的计算机能力提升。

该套教材采用螺旋式内容组织模式，不仅涵盖计算机软硬件及互联网等技术常识，也包括算法编程、人工智能及其在社会生活中的应用等前沿话题。教材强调培养学生的技术责任、数字素养和计算思维，完整体现了英国中小学信息技术教育的最新理念。在实践层面，教材设计了适合中小学生的编程活动及多媒体使用任务，还以模拟食品店等形式让孩子们亲身体验数据应用管理和尊重知识产权等问题，实现了从传授信息知识到提升信息素养的跨越。

该套教材所提倡的核心观念与我国信息技术课标的要求十分契合，课程内容设置符合我国信息技术课标对课程效果的总目标，有助于信息技术类课程的生态建设，培养具有科学精神的创新型人才。

他山之石，可以攻玉。此次引进的《牛津给孩子的信息科技通识课》为我国5～14岁的学生学习信息技术、提高计算思维提供了优秀教材，也为我国中小学信息技术教育提供了借鉴和参考。

在本套教材中，重要的术语和主要的软件界面均采用英汉对照的双语方式呈现，读者扫描二维码就能看到中文界面，既方便学生学习信息技术，也帮助学生提升英语水平。

本套教材是5~14岁青少年学习、掌握信息科技技能和计算思维的优秀读物，既适合作为各类培训班的教材，也特别适合小读者自学。

本套教材由赵婴、樊磊、刘畅、郭嘉欣、刘桂伊翻译。书中如有不当之处，敬请读者批评指正。

译者

2024年5月

前言

向青少年学习者介绍计算思维

《牛津给孩子的信息科技通识课》是针对5~14岁学生的一个完整的计算思维训练大纲。遵循本系列课程的学习计划，教师可以帮助学生获得未来受教育所需的计算机使用技能及计算思维能力。

本书结构

本书共6单元，针对9~10岁学生。

1. **技术的本质**：介绍计算机网络。
2. **数字素养**：在互联网上寻找信息。
3. **计算思维**：编程中如何使用循环结构和其他结构。
4. **编程**：运用编程技巧控制屏幕显示的活动。
5. **多媒体**：拍摄数码照片。
6. **数字和数据**：使用电子表格协助真实业务活动。

你会在每个单元中发现什么

- 简介：线下活动和课堂讨论帮助学生开始思考问题。
- 课程：6节课程引导学生进行活动式学习。
- 测一测：测试和活动用于衡量学习水平。

你会在每节课中发现什么

每节课的内容都是独立的，但所有课程都有共同点：每节课的学习结果在课程开始时就已确定；学习内容既包括技能传授，也包括概念阐释。

活动 每节课都包括一个学习活动。

额外挑战 使让学有余力的学生得到拓展的活动。

检测学生理解程度的测试题。

附加内容

你也会发现贯穿全书的如下内容：

词汇云 词汇云聚焦本单元的关键术语以扩充词汇量。

创造力 对创造性和艺术性任务的建议。

探索更多 额外的任务可以带出教室或带到家里。

未来的数字公民 在生活中负责任地使用计算机的建议。

词汇表 关键术语在正文中进行标注，并在课后的词汇表中进行阐释。

评估学生成绩

每个单元的最后几页用于对学生成绩进行评估。

- 进步：肯定并鼓励学习有困难但仍努力进取的学生。
- 达标：学生达到了课程方案为相应年龄组设定的标准。大多数学生都应该达到这个水平。
- 拓展：认可那些在知识技能和理解力方面均高于平均水平的学生。

测试题和活动按成绩等级进行颜色编码。自我评价建议有助于学生检验自己的进步。

软件使用

建议该年龄段学生用Scratch进行编程。对于其他课程，教师可以使用任何合适的软件，例如Microsoft Office、谷歌Drive软件、LibreOffice、任意Web浏览器。

资源文件

你会在一些页面中看到这个符号，代表其他辅助学习活动的可用资源。例如Scratch编程文件和可下载的图像。

可在清华大学出版社官方网站www.tup.tsinghua.edu.cn上下载这些文件。

目录

本书知识体系导读

牛津给孩子的信息科技通识课 5 五年级，9~10岁

1. 数字设备及其功用
- 计算机网络的概念及其重要性
- 计算机如何连接成网络
- 网络设备
- 互联网
- 互联网如何改变人们的工作方式
- 互联网如何影响人们的生活方式

2. 在互联网上查找信息
- 搜索网页
- 搜索引擎如何工作
- 搜索结果
- 选择网页内容
- 尊重版权，注明出处
- 创建网页

3. 编程过程中如何使用循环结构
- 使用变量
- 设计和创建使用随机数字的程序
- 使用随机数进行计算
- 设计包含计次循环的程序
- 设计和创建带条件循环的程序
- 使用条件循环的优势和劣势

4. 编写使用多种循环的程序
- 使用坐标在屏幕上为角色定位
- 控制角色移动
- 创建带有两个角色的程序
- 使用if…else控制程序的输出
- 使用输入值来控制计次循环
- 如何使用条件循环

5. 制作图文混排的文档
- 规划摄影
- 拍摄数码照片
- 分享照片
- 美化照片
- 修饰图片
- 将图片添加到文件中

6. 使用电子表格管理业务
- 使用电子表格存储文本和数值
- 使用自动求和与电子表格公式计算结果
- 使用电子表格公式的更多方式
- 创建汇总表
- 使用电子表格管理业务
- 使用电子表格模型辅助决策

本书使用说明

技术的本质：计算机网络

你将学习：

- 如何将数字设备连接成网络；
- 互联网是什么，它可以提供什么服务；
- 在现代社会中，互联网如何帮助我们一起工作。

计算机是我们工作和学习的有力工具。把计算机连接在一起，使它们更强大、更有用。当计算机连接在一起时，我们可以用它们互相通信。我们可以在网上共享文件和搜索信息。我们用网络把计算机连接在一起。在本单元中，你将会学习网络是如何改善我们的生活方式的。

谈一谈

你认为你离开学校后会在工作中使用计算机吗？你毕业后想从事计算机工作吗？你能想到不需要计算机的工作吗？

学习成果：解释数字设备是如何通过通信链路连接的；解释什么是互联网和互联网服务，如万维网；描述互联网帮助我们在现代世界中共同工作的一些方式。

课堂活动

以下是关于年轻人应该如何使用互联网的两种说法。

1. “互联网是危险的。不应该允许年轻人使用互联网。”

2. “年轻人应该能够随时随地使用互联网。”

在你的班级中对这两种说法进行讨论。列出支持和反对意见。

你们班能写一篇关于年轻人应该如何使用互联网的声明吗?

网络　网络设备　局域网
广域网　互联网　万维网
Wi-Fi　服务器　集线器　路由器

未来的数字公民

无论你在未来的生活中做什么，计算机和网络都将扮演重要的角色。计算的世界瞬息万变。你需要不断更新你的技能，这样才能在工作和家庭中使用科技。在工作中，你将参加培训课程学习新技能。在家里，你将利用互联网学习新技能。作为一个好的数字公民，你将帮助那些在计算技能方面落后的人。

你知道吗?

当今时代，几乎所有的计算机都连接到了网络。世界上最大的网络就是互联网。无论这些计算机在何地，互联网都有能力将它们连接起来。

1.1 什么是网络

本课中

你将学习：

- ➔ 什么是计算机网络；
- ➔ 为什么网络在学校、家庭和工作场所都很重要。

螺旋回顾

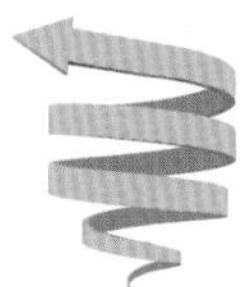

在第4册中，你学习了计算机是如何帮助我们学习、工作和享受空闲时间的。现在你将了解计算机和其他设备是如何连接的，以及它们连接起来的重要性。

网络的用途是什么？

在办公室和学校里，计算机通常连接起来形成一个计算机**网络**。

网络的建立很复杂，需要训练有素的人员来修复问题，因此网络的运行成本很高。但网络有很多优点，大多数机构认为建设和维护网络的成本是值得的。

网络的优势

- **沟通**：我们可以通过网络发送信息和电子邮件。
- **共享**：我们使用网络来共享文件和昂贵的设备，例如打印机。
- **保存工作**：我们可以将文件保存到网络存储驱动器上。可以在网络中的任何计算机上使用文件。使得与他人共享文件变得容易。
- **协同工作**：网络帮助人们协同工作。

什么构成了网络？

建立一个网络需要四大要素：

- 用于在计算机之间发送消息和文件，以及存储文件和应用程序的**网络设备**；
- 连接设备的**电缆**；
- 使设备协同工作的**网络软件**；
- 允许网络所有部分协同工作的规则。

你将在1.2课和1.3课中了解有关网络设备及其连接方式的更多信息。

网络的两种主要类型

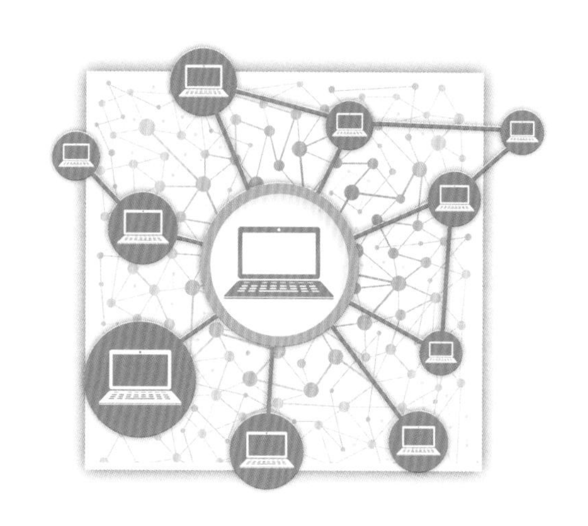

- **局域网**（LAN）连接在一个建筑物中的计算机。局域网允许建筑物里的人一起工作。学校网络是局域网。
- **广域网**（WAN）连接相距遥远的计算机。在不同城市或国家设有办事处的组织使用广域网，以便员工可以一起工作。互联网是一个广域网。

“隐形”网络

一个学校网络可以有30个或更多的网络设备。它可以在学校周围铺设10千米长的电缆。

网络很大，但大多数人都注意不到它的存在。大部分设备都被锁起来藏好，以保证安全。但有线索表明网络是存在的。在本单元中，你将学习并发现此线索。

活动

网络谷小学有60个网络连接。用于每个连接的电缆平均长度为50米。学校里有多少米的网线？并将你的答案转换成千米。

额外挑战

使用电子表格解决活动中的问题。

然后使用电子表格解决下述问题：

网络谷小学有140个网络连接。平均电缆长65米。网络谷小学有多少千米的网线？

再想一想

你把作业保存到学校网络上了吗？你的校园网叫什么？你的老师在网络上有没有与全班同学共享文件的区域？你们学校的网络设备存放在哪里？

1.2 网络连接

本课中

你将学习：

- 计算机如何连接形成网络；
- 如何设置安全系数高的密码以及如何确保密码安全。

连接到网络

将计算机连接到网络有两种方法。

有线连接

如果使用电缆将计算机接入网络，称为**有线连接**。网线将计算机中的插座连接到房间墙上的同样的插座。

如果你看到一个像右上图中那样的插座，那就说明你所在的大楼里有一个局域网。

无线（Wi-Fi）连接

你还可以使用**无线连接**连接到网络。这也称为Wi-Fi。

网络使用一种称为**无线接入点**（WAP）的设备来提供无线连接。如果你靠近WAP，则无须使用电缆即可连接到网络。无线连接可用的地方称为热点。

通常在墙上或天花板上可以看到WAP。

笔记本计算机和平板计算机通常使用无线连接连接到网络。台式计算机通常用电缆连接到网络。

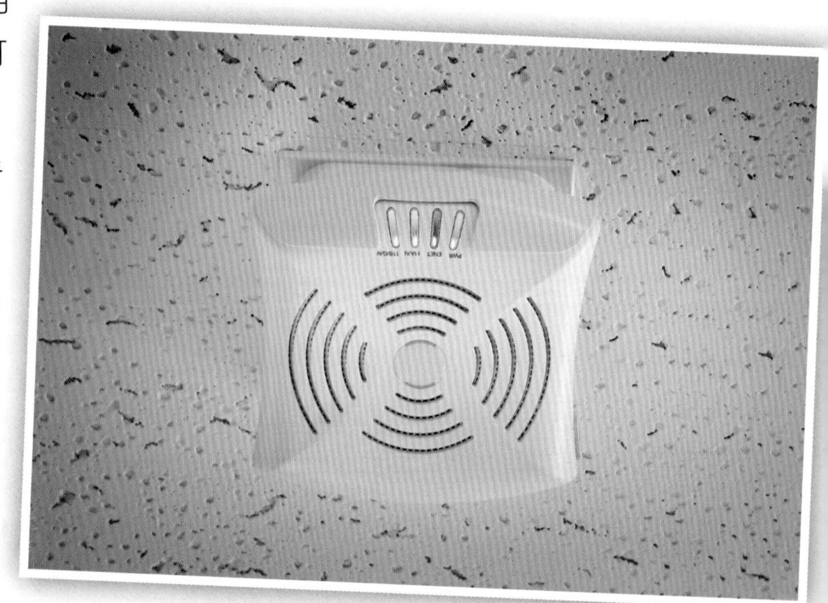

使用网络登录

要使用网络，必须有**登录名**。登录名由用户名和**密码**组成。

使用登录可以确保网络安全。只有有权限的人才能使用网络。只有你才能在网络上看到自己的文件。

确保密码安全

你必须确保密码安全，以保护你的信息和文件。

- 千万不要告诉任何人你的密码；
- 定期更改密码；
- 选择强密码。

Username
Password
Forgot your password?
Remember me
Login

强密码

其他人很难猜到强密码。可以使用passphrase（密码口令）方法生成强密码。

1.想一个你能记住的短句。使用两个或三个短单词，总共8~12个字符，例如**Ginger cats。**

2.删除单词之间的空格：**Gingercats。**

3.用其他看起来相似的字符替换一些字母，例如a→@、e→3、s→$。

4.这是你的新强密码：**Ging3rc@t$。**

使用passphrase方法为你的登录创建新的强密码。

活动

使用passphrase方法为你的账户创建新的强密码。

额外挑战

制作一张海报，提醒学生保证密码安全，包括创建强密码的指南，用你自己的强密码示例。你能建议用不同的字符来代替这个密码中的字母吗？

探究更多

登录不仅仅用于学校网络。人们在工作中、网上购物和在银行处理相关事务时都使用登录。让家里的一个成年人帮你列出他使用登录的所有内容。

与成年人分享创建强密码的passphrase方法。

1.3 网络设备

本课中

你将学习：

➔ 关于网络设备、软件和规则的更多内容。

网络中的设备

网络需要特殊的设备。每个设备在网络中都起着重要的作用。

服务器

服务器是一台功能强大的计算机。一个网络使用多个服务器。每个服务器执行不同的任务。

打印服务器：打印图片或文档时，打印服务器会确保文件打印正确。

文件服务器：此服务器确保文档正确保存。

电子邮件服务器：此服务器确保你的电子邮件能送达正确的人。

交换机和集线器

交换机就像道路交通系统中的主要交叉口。当用户发送消息时，交换机将决定数据需要通过哪条电缆到达正确的目的地。例如，如果你发送电子邮件，交换机会确保你的电子邮件进入电子邮件服务器。**集线器**是一种交换机。

路由器

路由器将网络连接到互联网。你的学校网络有路由器。如果你家里有互联网连接，它会使用一个小型路由器。

网络设备如何协同工作

网络中的设备协同工作以完成任务。如果你从学校发邮件到家里，会发生什么？

按“send（发送）”。

↓

计算机将电子邮件发送到交换机。 → 交换机将电子邮件发送到电子邮件服务器。 → 电子邮件服务器将电子邮件发送到路由器。 → 路由器将电子邮件发送到互联网。

↓

你的电子邮件到达你家的计算机。

网络设备放置在哪里？

网络设备通常放置在一个被称为**服务器机房**的上锁的房间里。它们放置在金属柜里。有时它们被放置在教室的小柜子里。

软件和协议

要使网络正常工作，还需要两个要素。

- 软件用于确保网络正常运行。例如，网络软件用于设置用户登录。
- 网络的各个部分必须相互支持。整个网络必须遵循规则，以便作业按正确的顺序完成。在网络中，这些规则被称为**协议**。

活动

你能在你的学校里找到任何线索确认学校有网络吗？如果可以，拍照或者画画作为证据。

额外挑战

阅读一些关于当你在发送电子邮件时，在网络中会发生什么的说明。写一段类似的文字，描述当你在打印文件时在网络中将会发生什么。

探究更多

如果你家里有网络连接，请成年人帮你找到路由器。小心不要弄乱电缆。你能通过这个单元的学习从中认出什么设备吗？

1.4 互联网

本课中

你将学习：

- 什么是互联网；
- 互联网与万维网的区别。

什么是互联网？

互联网是一个广域网（WAN），连接着世界各地的计算机。它是世界上最大的网络。

人们利用互联网与他人交流和分享信息。互联网帮助人们共同学习和工作。

互联网不是由一个人或一个组织拥有或控制的。

互联网服务

互联网是一个连接的网络。通过这些连接，我们可以使用一系列服务。

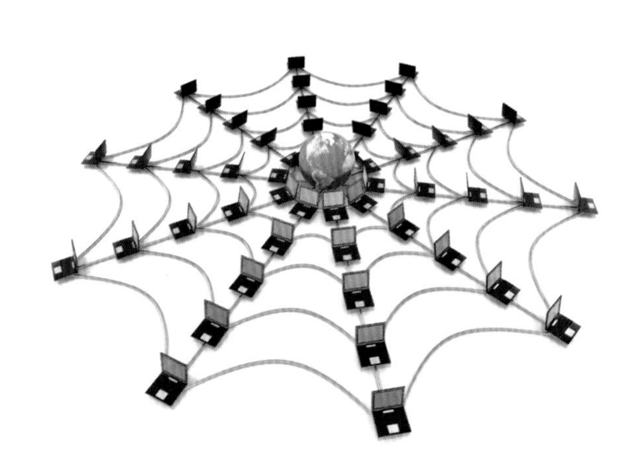

- **万维网：**由世界上所有的网页组成。
- **电子邮件和聊天：**向你认识的人发送信息和内容的方式。
- **视频会议：**世界各地的人们可以像在同一个房间里一样见面。
- **流媒体：**游戏、音乐和视频可以在本地设备上播放，无须先下载。

万维网

万维网（WWW或简称Web）是互联网的一部分。万维网是存储在互联网上的所有网站和网页。可以使用Web浏览器查看Web上的网页。可以使用搜索引擎在Web浏览器上搜索信息。

Web浏览器是一个强大的工具，因为每个网页都链接到其他页面。网页上的链接称为超链接。如果你在万维网所有网页上的超链接之间画线，它看起来就像一个巨大的蜘蛛网。

计算机和互联网

你可以使用计算机访问所有互联网服务。你可以使用浏览器查看万维网。你可以使用其他软件应用程序（通常称为应用程序）来享用其他互联网服务，例如电子邮件。

许多人用智能手机上网。智能手机可以从任何有电话信号的地方连接到互联网。

智能设备

许多家庭设备都连接到互联网。这些被称为**智能设备**。

如果你外出时传感器检测到家中有声音或移动，家庭安全系统会向你的智能手机发出警告。你可以检查智能手机上的安全摄像头，看看是否有入侵者。

你可以用你的智能手机来控制家里的空调和供暖系统，这样你到家时温度就很舒适了。你可以开灯，这样感觉好像有人在家。

活动

列出一些主要的互联网设备。说出你曾经使用过的互联网设备。举个例子。

额外挑战

你使用哪些设备连接到互联网？你喜欢使用智能手机访问哪些服务？你喜欢使用计算机访问哪些服务？举例说明。

在网上研究智能家庭供暖或空调系统。列出一些功能。智能家居空调和供暖系统如何使环境更加舒适？

1.5 不断变化的工作方式

本课中

你将学习：

➔ 计算机通信如何改变人们的工作方式。

新工作岗位

互联网改变了人们的工作方式。出现了之前不存在的新工作。有一些技术性的工作，如网络管理员。有创造性的工作，如网页设计师和游戏程序员。

旧工作与新技能

互联网改变了现有的工作。过去，图书馆员工常常需要处理书架上的书。现在，图书馆员工也需要在网上查找信息。

有些人失业了。自动化和机器人已经取代了工厂里低技能的工作。由于网上购物越来越流行，一些商店的售货员也失业了。

随着工作方式的变化，人们需要学习新的技能。一些人对这些变化感到兴奋。而另一些人却感受到变化给他们带来的威胁。

互联网可以让你更容易找到新工作。有一些网站刊登招聘广告。人们可以通过在数据库中输入自己的技能信息来申请工作。空缺的新职位的详细信息将通过电子邮件发送给他们。

不同的工作方式

团队合作

在过去，工作团队大多在同一栋楼里工作。团队成员定期面对面地讨论项目。

而互联网允许人们在世界任何地方与同事交流和分享信息。如今，许多团队是由在不同城市甚至不同国家的人组成的。团队成员在网络上共享文档。许多团队成员甚至从未见过面。

远程工作

过去，人们每天都去办公室或工厂工作。互联网允许人们通过电子邮件、网络聊天和视频会议进行交流。人们可以通过网络和互联网获取工作所需的信息。

这意味着人们可以在家工作。这叫作**远程工作**。人们不必经常出差，可以在家里工作。

活动

描述一下你长大后梦想的工作。你将如何在工作中使用计算机？

额外挑战

为你梦想的工作做一个广告，包括工作所需的计算机技能。

探索更多

找出你家里的成年人和其他成年朋友对远程工作的看法。询问下列问题。

1.你有没有在家里用网络链接做过一部分工作？

2.你能在家里用网络链接做更多的工作吗？

3.你想在家里做更多的工作吗？

提出你能想到的其他问题。写下人们的答案，这样你就可以和全班同学分享了。

1.6 与互联网共处

本课中

你将学习：

➔ 互联网如何影响我们的生活。

互联网如何影响你

互联网改变了我们的生活方式。许多改变是积极的。

沟通： 互联网允许用文字、语音和视频进行沟通。你可以共享图片和文件。你可以利用互联网来寻求建议或解决问题。

信息： 你每天都使用信息来帮助学习、工作和指导日常生活。互联网使信息可以被更容易、更快地找到。

便利性： 互联网提供“按需”服务。这意味着你可以在需要服务时使用它们。人们使用网上银行支付他们在网上购买的商品。可以从网上成千上万的商店中选择。你可以随时下载音乐、游戏和视频。

远程控制： 在1.4课中，你了解了家庭中的智能设备，这些设备允许远程控制空调、供暖、照明和安全系统。

网络的阴暗面

如果你负责任地使用互联网，你将享受它的好处。但要注意，互联网也有消极的一面。

你看到的信息不都是真的

网络上的信息通常称为内容。有些内容可能是假的。发布内容的人可能会犯错误，或他们可能故意写虚假或误导性的内容。有些发布者可能会写一些虚假的内容来说服你接受他们的观点或向你推销一些东西。

不要相信你在网上遇到的每个人

犯罪分子也会利用互联网。一些犯罪分子利用假电子邮件或网站试图窃取金钱或个人信息。还有一些犯罪分子买卖非法和假冒伪劣商品。

一些人利用社交媒体或短信发送威胁或传播残酷的谣言。如果有人试图在网上欺负或恐吓你，不要回复那些人。向有责任心的成年人报告这个问题。

安全上网

为了在互联网上保持安全，你需要培养下图所示的技能。

10:10AM

- ✓ 安全使用互联网的技术技能。
- ✓ 找到你需要的，而不是别人想要你找到的信息的搜索技能。
- ✓ 判断内容是否可靠的关键技能。
- ✓ 分享知识的沟通技巧。

你将在第2单元学习这些技能。

活动

想象一下，你的朋友收到了来自匿名者的威胁短信。写一组要点，就如何处理这个问题向你的朋友提出建议。

额外挑战

创建一个标题为“互联网的好与坏”的海报。用海报的一半来宣传互联网积极的一面，用另一半来警告互联网的负面影响。

探索更多

查询你的父母或祖父母在网络发明时的年龄。他们还记得第一次使用网络吗？

测一测

你已经学习了：

➔ 如何连接计算机和设备，以建立网络；

➔ 互联网是什么，它提供什么服务；

➔ 互联网如何帮助我们在现代世界中共同工作。

测试

想想你曾用过的一个连接到互联网的设备。你可以选择你的智能手机、你在学校的计算机或其他设备。现在回答有关此设备的问题。

1. 为连接到互联网的设备命名。
2. 什么是互联网？
3. 设备如何连接到互联网，有线还是无线？解释一下你是怎么知道的。
4. 当你在设备上查看万维网时，你在屏幕上看到了什么？
5. 说出你可以在设备上使用的另一个互联网服务。
6. 说出一种设备，它可以帮助你的设备连接到互联网。这个设备是做什么用的？
7. 谁负责互联网？

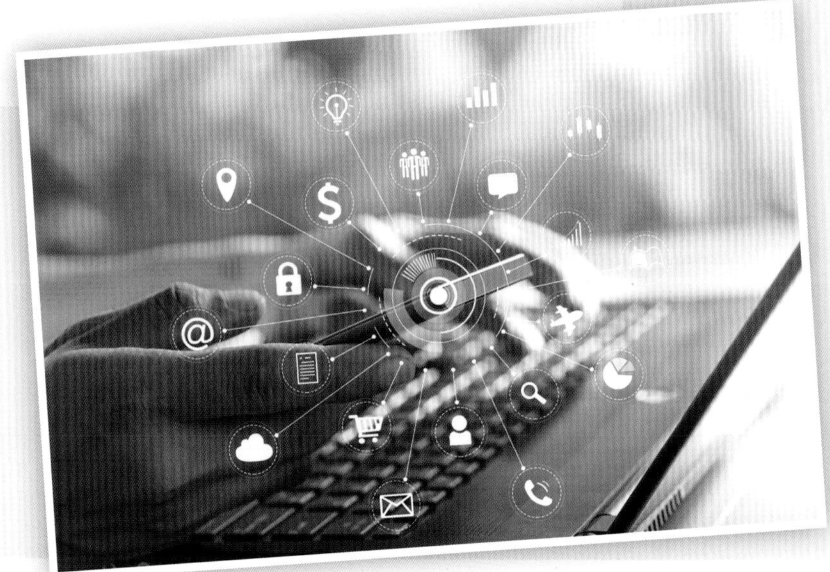

用文字处理程序写一篇关于互联网的报告。使用显示的标题。如果需要，可以在文本中添加图像。

1.**互联网服务：**描述互联网提供的至少两种服务。

2.**工作世界：**描述人们在工作中如何使用互联网。

3.**好还是坏？**讨论一下互联网的至少一个好的和一个不好的特性。

自我评估

- 我回答了测试题1和测试题2。
- 我完成了活动1。我描述了互联网带来的一些积极和消极的变化。
- 我回答了测试题1～测试题5。
- 我完成了活动1和活动2。我描述了互联网如何改变人们的工作方式。
- 我回答了所有的测试题。
- 我完成了活动的所有部分。

重读本单元中你不确定的部分。再次尝试测试题和活动，这次你能做得更多吗？

数字素养：搜索万维网

你将学习：

- 如何在网上找到信息并描述你所使用的资源；
- 如何在网上对你找到的信息进行选择，并给出你选择的理由；
- 网络搜索引擎如何选择和显示有用的信息。

第4册中，你学习了如何使用搜索引擎在网上查找信息。你在网上找到的信息，其中有一些是正确可靠的，有一些是不正确的和有误导性的。在本单元中，你将学习如何为自己选择最佳的信息。

谈一谈

你如何了解世界上正在发生的事情？你会使用网络去查找新闻吗？你能相信你在网上看到的信息吗？

学习成果：从在线资源中获取信息并描述所使用的资源；从在线资源中选择信息并给出选择的理由；解释在线搜索如何选择和显示有用的信息。

课堂活动

关键词

搜索引擎　书签

蜘蛛　网络爬虫　元标记

网络　网页　网站

版权

你在这个星期学到的最有趣的事情是什么？这个事情可以是搞笑的，也可以是悲伤的。它可以是一个世界范围内的大事件或发生在你的城市里的一件事。你是怎么发现这个事情的？

在小组里与大家讨论这个事情。列出你的小组认为最有趣的事情。确保小组中每个人都说一个事情。

你相信所有的事情都是真的吗？与全班同学分享你的发现。

你知道吗？

世界上第一个搜索引擎是由艾伦·埃姆蒂奇于1990年发明的。艾伦·埃姆蒂奇出生在巴巴多斯，但后来搬到加拿大蒙特利尔，在麦吉尔大学学习。他在大学的工作是帮助其他学生在网上查找文章。他写了一个搜索引擎来节省自己的时间。他把他的搜索引擎叫作阿尔奇。

2.1 搜索网页

本课中

你将学习：

➔ 帮助搜索网页的四条黄金法则。

螺旋回顾

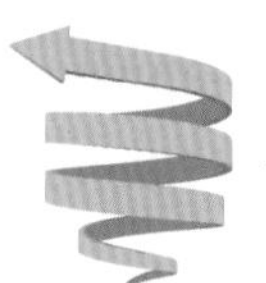

在第4册中，你学习了如何进行基本的万维网搜索。你学会了如何使用搜索引擎在网上快速查找信息。本课，你将回顾第4册中学习的搜索技术。

四大黄金法则

1. 选择正确的关键词

确保你理解你所需要回答的问题。在将任何内容输入搜索引擎之前：

- 列出**关键词**列表。
- 在最重要的关键词下画线。

确保你在搜索引擎中输入的问题包含重要的关键字。你的问题不需要包括标点符号或简短的连接词，如is和the。

2. 选择合适的搜索引擎

你可以使用很多搜索引擎，如百度、谷歌、必应和雅虎。尝试使用不同的搜索引擎，找出最适合你的。

有些搜索引擎是为少年儿童设计的。使用儿童友好型的搜索引擎有以下好处：

- 这些链接更容易阅读和理解。
- 不太可能看到不合适的网页。
- 有更少的广告。

3. 为喜爱的网站添加书签

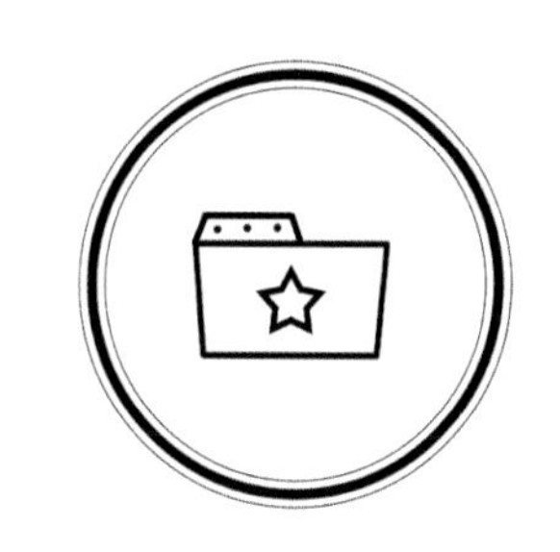

把一个**网页**添加到**书签**中，可以在你下次使用时很容易找到这个网页，而不必再次搜索页面。单击书签列表中的链接，就可以直接进入网页页面。

书签是一个便于开始搜索的好方式。过去发现有用的**网站**可能会提供你需要的信息。

4. 再试一次

有时一次搜索并不能提供所需的信息。如果发生这种情况，请再试一次。

- 试着想出不同的关键词。
- 不同的搜索引擎会给出更好的结果吗？
- 你的书签页面会引导你找到有用的信息吗？

活动

使用搜索引擎来回答这些问题。

1.通古拉瓦是什么？它在哪里？

2.2016年3月通古拉瓦发生了什么？

3.找到通古拉瓦的照片。

4.找到通古拉瓦的一个有趣的事情。

5.通古拉瓦这个词怎么发音？

小组合作。讨论在学习中发现的有用的网站。列出你找到的最好的网站。你为什么喜欢它们？这些网站对哪些主题有帮助？向全班展示你搜集到的清单。

额外挑战

在网上搜索这只鸟的名字。

提示： 要获得关键词列表，请输入图片中的内容，例如“黑色的头”。你还看到了什么？进行图像搜索并找到与此匹配的图片。

哪组关键词的搜索效果最好？

2.2 搜索引擎如何工作

本课中

你将学习：

→ 搜索引擎如何找到网页来回答搜索问题。

万维网有多大？

2023年年底，互联网上有11.3亿个网站。我们很容易想象10或100这样的小数字是什么样子，但很难想象10亿这样一个庞大的数字是什么样子。

想想这本书：

- 这节课有500个字。
- 整本书有25000个字。
- 4.8万本书将包含12亿个字。这与万维网上的网站数量相当。
- 4.8万本书有250米高。
- 这大约是世界最高建筑哈利法塔三分之一的高度。

搜索引擎是如何工作的？

当进入网络搜索时，你的问题将通过互联网发送到搜索引擎。搜索引擎使用一台功能强大的计算机来寻找与你的关键词相匹配的词。链接列表将显示在屏幕上。

一个搜索引擎要花很长时间才能搜索到这11.3亿个网站。为了能够快速向你发送链接列表，搜索引擎必须以不同的方式工作。

蜘蛛和网络爬虫

搜索引擎使用**网络爬虫**来搜索网络。搜索引擎发送一个称为**蜘蛛**的软件在网络上爬行并收集信息。

当蜘蛛到达网页时，它会记录网页上的每一个字，并计算出每个字的使用次数。然后蜘蛛跟踪网页上的链接，对找到的每个新网页进行字数统计。最终，蜘蛛将访问并记录网站上的每个网页。

搜索引擎索引

蜘蛛软件将收集到的信息发送回搜索引擎。信息存储在一个称为**索引**的特殊列表中。输入搜索问题时，搜索引擎将搜索其索引。索引非常大，但搜索它要比搜索整个万维网快得多。

搜索引擎将搜索问题中的每个关键词与索引中存储的词进行比较，诸如the、what和why之类的短连接词会被忽略，因为这些词在每个网页上都有，对搜索没有帮助。

搜索引擎使用一种**算法**将索引中的网站与搜索中的关键词进行比较。算法选择网页来回答你的问题。

活动

复制这个搜索问题："非洲最长的河流是哪条河？"

在搜索引擎将会忽视的所有字上画圆圈。

这个问题的答案是什么？

额外挑战

搜索引擎使用一种算法选择网站来回答网络搜索问题。什么是算法？运用你在本课程所学的知识。如果需要，可以在网上搜索更多信息。

再想一想

使用网站搜索找到说明搜索引擎工作原理的视频或动画。观看视频并做笔记。把你觉得最有用的视频加入书签。

2.3 搜索结果

本课中

你将学习：

➔ 搜索引擎如何显示找到的链接。

有多少页面？

万维网包含11.3亿个网站。无论你问什么问题，搜索引擎都会找到许多匹配的页面。

当一个搜索引擎显示一个链接列表时，它包含了找到的总页数。下图中显示的搜索结果数为30 000 000。

你可以通过向搜索栏中添加更多关键字来缩短列表，但是一般不需要这样做。

搜索引擎如何对结果进行排序

搜索引擎试图将最有用的链接放在结果列表的顶部。它使用了几种方法。

- **一个页面有多受欢迎？** 最流行的网页显示在搜索结果的第一页。如果有许多其他网站链接到某个页面，那么该页面就很受欢迎。
- **页面有多新？** 经常更改的网页显示在搜索结果的顶部附近。向网页添加新信息称为更新。
- **网站是否可信？** 搜索引擎信任的网站显示在搜索结果的顶部。这并不意味着你可以相信在网站上看到的一切。你还需要核实一下事实。

- **你以前浏览过哪些页面？**网页浏览器会保存你查看过的网站列表。搜索引擎利用这些信息来预测未来你想要浏览的网站。

广告

大多数搜索引擎在搜索结果列表的顶部显示广告。这些网站的所有者为广告付费。广告并不总是与你的搜索相关。

A brief history of the Galápagos Islands
Ad www.journeylatinamerica.co.uk/ ▾
★★★★★ Rating for journeylatinamerica.co.uk: 4.8 - 185
Browse Our Range Of Great Latin America Holidays.
Contact Us · Our Holidays

元标记

网站的所有者希望全世界都能看到他们的网页。一种方法是使用**元标记**。元标记就像关键词。它们是描述网页的单个单词。

网页开发人员将元标记添加到他们创建的页面中。阅读网页的人看不到元标记，但搜索引擎可以看到它们。如果你的搜索问题中有任何关键字与网页上的元标记匹配，搜索引擎会在结果列表顶部附近显示该网页。

活动

再进行一次关于通古拉瓦的网络搜索。搜索显示多少结果？在搜索中再添加一些关键词，结果的数量会怎样？

额外挑战

搜索通古拉瓦时显示多少广告？广告是干什么的？广告给了你有用的信息吗？

再想一想

进行网页搜索，以获取有关搜索引擎如何工作的更多信息。有多少广告排在前面？有多少广告给了你一些有用和相关的信息？

2.4 选择网页内容

本课中

你将学习：

➔ 如何在万维网上谨慎地选择信息。

你能信任网络内容吗?

网络搜索将为你提供许多网页的链接。这些链接指向可用于完成一个项目的信息。你将如何决定使用哪些网页和拒绝哪些网页呢?

有时网页上的内容是错误的。编辑这个内容的人可能会犯错误，或者信息可能过时了。有时网页的编辑可能会故意误导你。

用检查表选择网页内容

询问下面检查表中的问题，以帮助你选择正确的、可靠的和相关的内容。

1. 内容是谁写的?

谁拥有这个网站? 属于政府、慈善机构、大学或其他大型组织的网站通常是可靠的信息来源。

网页是谁编辑的? 如果作者把他们的名字写在网页上，这是个好的标志。有时网页还包括作者的职务和联系方式。

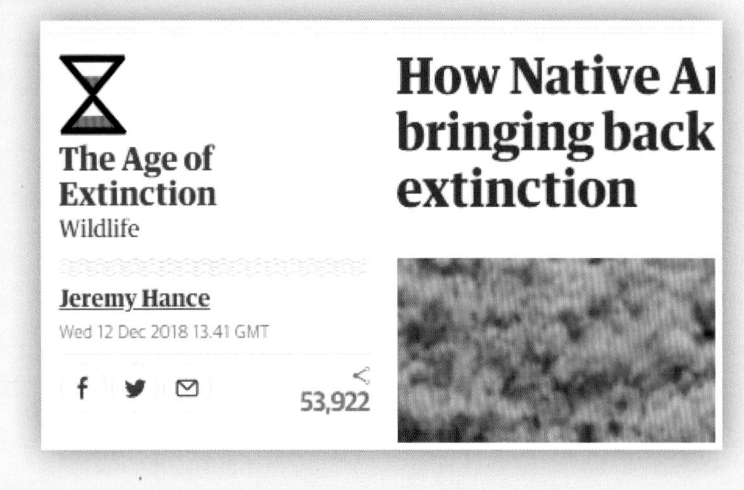

2. 内容是最新的吗？

你能找到上次更新网页的日期吗？掌握最新信息很重要。这在计算机研究中非常重要，因为技术变化很快。对于历史和数学这样的学科来说，它可能不那么重要。

3. 这一页适合你的年龄吗？

内容：你能理解内容吗？还是对你来说太复杂了？有比你需要的更多的细节吗？内容对你来说太简单了吗？

语言：有太多你不懂的字词吗？句子太长了吗？如果正在阅读用你的第二语言书写的内容，这一点尤其重要。

4. 内容是否相关？

页面是否回答了你的搜索问题？在网上搜索会发现许多有趣且写得很好的网页。哪些页面提供了你需要的信息？

5. 网页展示给你的是事实还是观点？

事实：事实是你可以查证它是否真实的信息。

观点：观点是一个人的想法或感受。

这个网页是否提供了一些事实来帮助你做出决定？还是作者给出他们的观点试图说服你赞同他们？

事实

世界互联网的使用

- 世界上有一半以上的人使用互联网
- 人们过多地使用了互联网

观点

活动

选择你在本单元中访问过的网页。使用本课中的检查表撰写有关该网页的报告。

探索更多

请你的家人推荐一个你们都可以看的网页。共同完成本页所示的清单。你的家人觉得这个网站怎么样？好还是坏？

额外挑战

在网上搜索有关气候变化影响的信息。找一个你喜欢的页面。这个页面的内容主要是事实还是观点？分别举一个例子。

2.5 注明出处

本课中

你将学习：

➔ 什么是版权；

➔ 如何注明所引用内容的出处。

什么是版权？

如果你创造了一些作品（如设计、专利、论文、著作等），你就拥有它的**版权**。版权意味着你拥有你所创作的作品。

版权保护作品的创作者。版权意味着其他人：

- 不能复制那个作品；
- 使用或分享作品必须征得版权所有者的许可；
- 使用该作品时必须注明创造了这个作品的人。

在你的学校作业中使用别人的作品

- 确保你获得许可。通常无须询问，你可以在你的项目和任务中少量使用别人的作品。如果你不确定的话，请向你的老师咨询。
- 注明所引用内容的原作者。

注明你使用作品的出处

如果你使用了其他人作品的一部分，你必须注明谁创作了该作品。你的引用注明必须包含以下4部分信息。

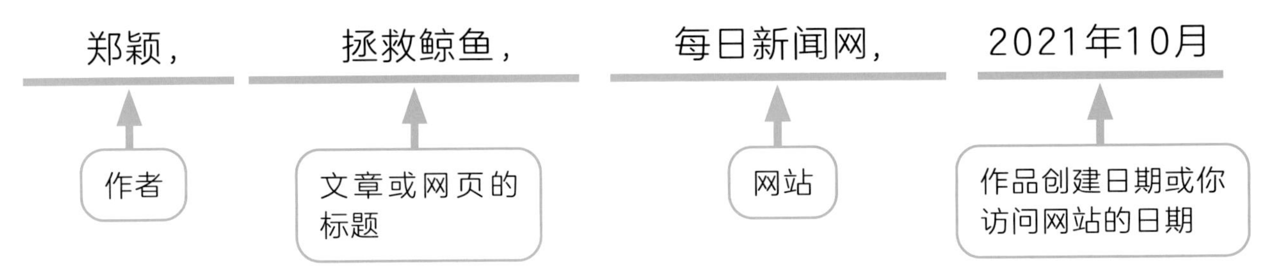

你可能无法找到全部4部分信息。使用你能找到的所有信息。

在作品中使用图片

图片可以让你的项目看起来与众不同。比起单独使用文字描述，一张照片能更清楚地阐释一个想法。

一些摄影师和艺术家允许人们免费使用他们的作品。他们使用知识共享许可协议。要查找知识共享图片，请使用网页搜索，例如“creative commons free images tiger”。

单击搜索引擎中的Images（图像）选项卡查看可以使用的图片。记住要注明出处。

剽窃

在你的学校作业中使用在网页中找到的信息，这是很好的方法。来自一些专家的引述和事实能够改善你的作品。一些图片也能为你的项目和作品增色。

但是，千万不要假装别人的作品是你自己的。这叫作剽窃。每次都要注明别人的作品。要自信！你自己也可以创造伟大的作品。

活动

在2.4课中，你发现了一个关于气候变化影响的网页。回到那个页面，找到一段你想引用的文字。将这段文字复制并粘贴到文档中。在这段文字的末尾注明出处。

额外挑战

找到一张知识共享图片，它说明你在活动中引用了别人的作品。将图片添加到文档中，并为图片注明出处。

为什么注明别人的作品很重要？如果是在互联网上，为什么不直接使用它呢？如果有人抄袭你的作品并声称是他们自己的，你会有什么感觉？

2.6 网页挑战

本课中

你将学习：

- 利用本单元所学的技能和知识完成团队网页挑战。

任务

在团队中创建一张知识表，并为之选择一个主题。下面是一个例子。

大型猫科动物知识表： 每张表将包含一种大型猫科动物（例如狮子、美洲狮、老虎、猎豹和美洲豹）的知识。知识表都将有相同的样式和标题。

这里有其他更多的想法：著名科学家、足球队、流行歌手，首都城市和濒危物种。

大型猫科动物知识表：非洲狮

有趣的事实

- 狮子一天睡20个小时
- 你可以在8千米外就听到狮吼
- 狮子不会打呼噜

事实：	
家	非洲南部和东部
栖息地	草原
食物	狮子吃大型动物，如斑马、羚羊和角马等。母狮承担大部分捕猎工作
家庭	狮子成群生活，并引以为傲
身体特征	雄狮有鬃毛。 雄狮重约180千克，雌狮重约150千克。 狮子是第二大的猫科动物
速度	狮子能在短距离内以每小时80千米的速度奔跑
濒危吗?	狮子是脆弱的物种。他们的数量正在减少

1. 规划你的工作

在开始挑战之前，规划一下你的团队将如何工作。

- 你会选什么题目？
- 你将如何在团队成员之间分配工作？
- 你将如何设计你的知识表？你会用什么标题？你会把照片放在哪里？

2. 选择网站

在你开始收集信息之前，每个团队成员都应该进行网络搜索，并选择相关网站。

然后一起决定你们将使用哪些网站来收集信息。

3. 收集你需要的信息

研究你需要的信息。将信息复制并粘贴到一个空白的文字处理文档中。稍后，你将把它放入你的知识表中。

4. 创建你的知识表

当你收集了足够的信息后，把这些信息转换成一张知识表。记住要进行团队合作，确保你们的知识表看起来是一样的。

活动

在一个团队里工作，把需要做的工作分解。为你选择的主题创建几张知识表。

创造力

让你的知识表看起来有趣并且专业。你将使用哪些字体和标题字号大小？哪种颜色组合看起来最好？试着在网上看一些知识表来拓展你的设计思路。

额外挑战

与你的团队讨论网页挑战。成功了吗？哪些网站特别有帮助？有特别难或者特别容易的主题吗？

再想一想

列出一些你用于解决此任务的网站。评价一下每个网站有多好用。

测一测

你已经学习了：

- 如何在网上找到信息，并描述你所使用的资源；
- 如何选择你在网上找到的信息，并给出你选择的理由；
- 网络搜索引擎如何选择和显示有用的信息。

测试

看图片并回答问题。

1. 哪些词是下述搜索问题的重要关键词？

   世界上最快的汽车是什么品牌的？

2. 上图为网络浏览器中的搜索引擎。什么是搜索引擎？
3. 为什么检查你在网上找到的信息的日期很重要？
4. 网络爬虫是做什么的？
5. 一个搜索引擎使用不同的方法来确保相关网站排在搜索结果列表的顶部。陈述其中的三种方法。

进行网络搜索，以查找有关中国野生动物的信息。看看搜索引擎搜索结果列表中的一些网站。选择你认为最适合你查找信息的网站。然后回答下面的问题。

1.列出你在网络搜索中使用的关键词。

2.写下你在搜索中发现的两条关于中国野生动物的信息。

3.列出三个你认为有用的网站。

4.哪个网站你认为最好？

5.给出你选择网站的理由。尽可能多地提供你所选择的网站的信息。

自我评估

- 我回答了测试题1和测试题2。
- 我完成了活动1和活动2。我用关键词进行了网络搜索。我发现了一些关于中国野生动物的信息。
- 我回答了测试题1 ~ 测试题4。
- 我完成了活动1 ~ 活动4。我进行了一次网络搜索，找到了三个有用的网站。我选择了最好的网站去了解中国的野生动物。
- 我回答了所有的测试题。
- 我完成了所有活动。

重读本单元中你不确定的部分。再次尝试测试题和活动，这次你能做得更多吗？

计算思维：多问题测试

你将学习：

- ➔ 如何设计一个包含循环的程序；
- ➔ 如何使用条件循环和计次循环；
- ➔ 如何在程序中使用随机数。

谈一谈

在本单元中，你将会创建并使用一些**随机值**。随机值是不可预测的，你不知道它们会是什么值。许多计算机游戏使用随机值使游戏更有趣，也更多样化。

想想你知道的计算机游戏。游戏的哪些部分可能是随机的？随机值如何让游戏更精彩？

在本单元中，你将使用Scratch编程语言编写程序。

你将为同学做一个测试练习乘法表。你的测试会问一些随机的乘法问题。程序会告诉用户他们的答案正确与否。

你的程序将使用循环结构。**循环结构**是一种程序结构。循环体中的命令都将重复执行。你将了解不同类型的循环结构以及如何使用它们。

课堂活动

把数字1~12分别写在一张纸上。把这些纸都放进一个袋子里。一个学生从中拿出两个数字，并将它读出来。其他学生将这两个数字相乘。第一个说出正确答案的将是胜利者。

➔ 给胜利者积一分。把这个袋子传给胜利者。现在轮到他挑两个数字。

为了提高挑战难度，把更大的数字放入袋子。这样使得乘法更加困难。

学习成果： 创建并描述一个包含循环的算法；创建一个包含由退出条件控制的循环的程序。

你知道吗?

俄罗斯方块是一款计算机游戏。把彩色的形状拼在一起，有7种不同颜色的形状。俄罗斯方块使用一个叫作随机生成器的计算机程序。随机生成器选取7个形状的随机序列。有5040个可能的序列，它们都有相等的机会被选中。

变量　循环
计次循环
条件循环
优势　劣势
随机的　逻辑测试

未来的数字公民

在本单元中，你将制订一个帮助学生学习的计划。计算机被用来支持教育和培训。这意味着即使你长大了离开学校，也可以一辈子都在学习。

3.1 使用变量

本课中

中文界面图

你将学习：

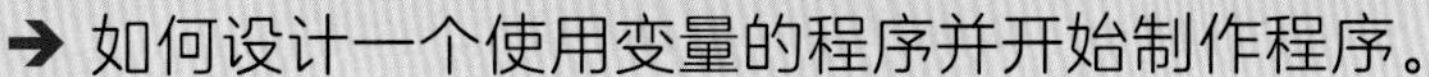
➔ 如何设计一个使用变量的程序并开始制作程序。

螺旋回顾

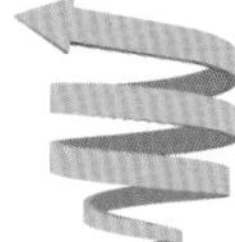

在第4册中，你学习了如何在Scratch程序中创建和使用变量。如果你在这节课中需要关于变量的帮助，请回顾一下第4册中相关课程的内容。

需求

创建一个程序之前，你必须确定程序有什么样的需求。在本单元中，你将创建一个程序来满足下面的需求：

- 为学生编一个程序，这样他们就可以练习七倍乘法表了。

程序设计

在程序员开始工作之前，他们会制定一个**程序设计**。设计书列出了解决问题的步骤。解决问题的步骤也称为**算法**。

程序设计规定了程序的输入和输出。它还列出了计算机所做的操作，如计算。

下面是一个程序的设计：

- 输入：提示一个问题，例如，“What is 7 times 5? ”（7乘以5是多少？）。输入用户的“答案”。
- 处理：存储问题的“正确答案”。
  将用户的答案与正确答案进行比较。它们一致吗？
- 输出：如果回答与正确答案一致，则输出“You got it right!”（你是对的！）；否则，输出“You got it wrong! ”（你搞错了！）。

编程中使用了else。在这个例子中，如果用户输入的答案与正确答案不一致，则计算机输出“You got it wrong!”。

变量

变量存储一个值。给每个变量起一个名字，然后可以在程序中使用该值。此程序设计中提到了两个变量。

Scratch中有一个自带的变量叫作answer。你可以让一个角色问一个问题。用户的答案被存储在answer变量中。

你还将生成一个名为solution的新变量。此变量将存储问题的正确答案。

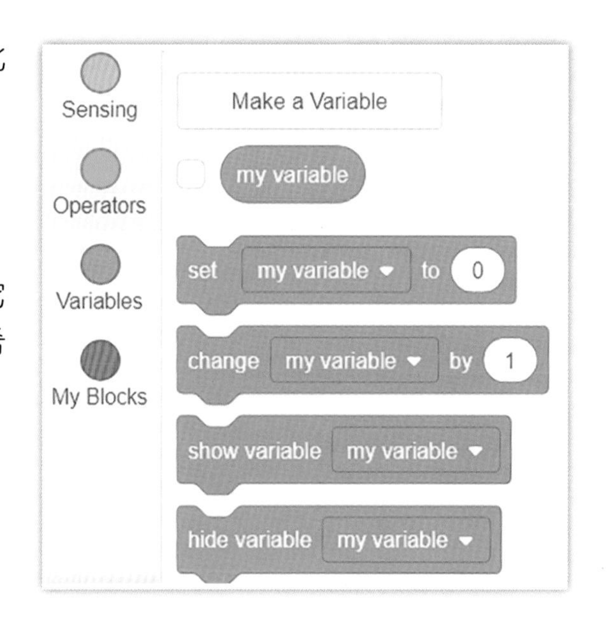

单击Make a Variable（生成变量）。

输入变量名solution。

变量名被勾选，如下图所示。这意味着它将显示在主屏幕上。单击以删除记号。你不希望用户看到正确答案。

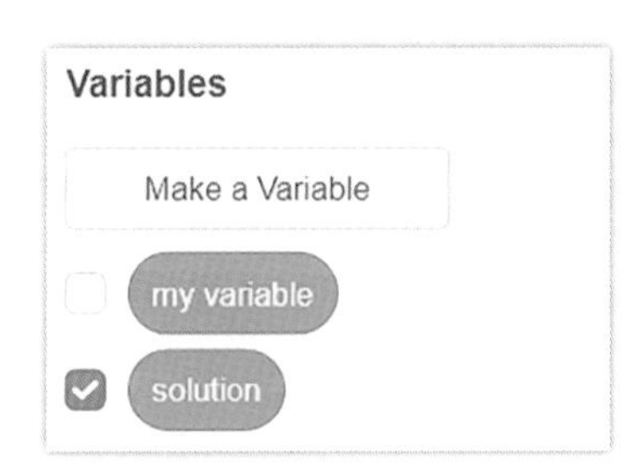

Scratch程序

完成的Scratch程序如右图所示。

when this sprite clicked
ask What is 7 times 5? and wait
set solution to 35

这个程序实现了整个程序设计的一部分。

- 它提出了一个问题；
- 它存储了一个正确答案。

在下一课中，你将扩展此程序，以实现整个程序设计。

活动

运行Scratch程序。创建本课中显示的程序。你可以用任何“7的倍数”问题。

单击角色来运行程序。角色问一个问题。有一个框可以输入答案。

保存程序。打开File（文件）菜单并选择Save to your computer（保存到你的计算机）。

这个程序中的两个变量命名为solution和answer。为什么这些是好的变量名？想一些其他也一样好的变量名作为替换。

额外挑战

扩展程序，告诉用户他们的答案是对的还是错的。

3.2 问一个随机问题

本课中

中文界面图

你将学习：

➔ 怎样设计和创建一个使用随机数字的程序。

制订一个更好的计划

需求是创建一个允许用户练习“七倍乘法表”的程序。在上节课中，你创建了一个询问问题的程序。这个程序总是提相同的问题。

如果程序每次都问七倍乘法表中不同的问题，那将好得多。这将会给用户更多机会练习七倍乘法表。

在本节课中，你将改变程序，使得程序在每一次运行时，能提问七倍乘法表的不同问题。这是改进后的设计方案。

- 输入：生成一个**随机**数字；

  提问“7乘以随机数字是多少？”；

  输入用户的answer变量值。

- 过程：计算这个问题的正确答案，即solution变量值；

  将用户的答案与正确答案进行比较。它们一致吗？

- 输出：如果答案与正确答案一致，则输出“You got it right!”（你答对了！），否则，输出“You got it wrong!”（你答错了！）。

在上一课中，你创建了一个名为solution的新变量。现在创建一个名为random的变量。此变量将存储随机数字的值。

设置一个随机值

这个程序使用一个随机数值。计算机将会挑选随机数值。这个数值每一次都是不同的。

绿色积木块是Operators（运算符）积木块，它们生成新的数值。这个积木块将从1～10中随机挑选一个数值，然后将上限修改为12。

将这两个积木块装配在一起，为新的random变量提供随机值。

set random ▾ to pick random 1 to 12

这个积木块在程序启动的地方运行。

问一个随机问题

join（连接）运算符将两个值连接在一起。在Scratch网站上这个运算符的示例是连接了apple和banana。修改运算符，使其将What is 7 times和random变量连接在一起。

现在这个积木块生成了一个随机问题。

扩展程序

现在将所有积木块放在一起来创建程序。这是到目前为止的程序：

- 程序生成一个随机数；
- 程序问一个随机问题。

活动

启动Scratch。创建本课中显示的程序。

运行程序几次。程序中的角色每次都会随机问一个问题。

保存文件。

额外挑战

扩展你的程序。添加第二个随机变量。将这两个随机变量命名为random 1和random2。提出一个问题，要求用户将这两个随机变量相乘。

探索更多

再运行10次这个程序。记录每次出现的随机数。某些数出现的频率比其他数高吗？

因为数是随机的，所以每个数字出现的概率都是相同的。每个数字出现的统计次应该相同。运行程序的次数越多，每个数字出现的概率就越均衡。如果你有时间的话，多运行几次这个程序来对此进行检查。

3.3 检查答案

本课中

你将学习：

➔ 怎样使用随机数进行计算。

中文界面图

螺旋回顾

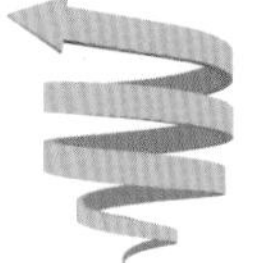

如果你之前从未使用过“if…else”积木块，那请你回顾一下第4册的第3单元。

找到问题的解决办法

在3.1课中，你编写了一个简单的程序来问一个问题。计算机总是问相同的问题：“7乘以5等于多少？”答案是35。

在3.2课中，你编写了一个新程序。每次运行程序的时候，问题都会发生改变。答案也随之改变。

现在你需要修改程序，让计算机可以算出不同问题的答案。使用乘法运算符，程序将会用一个随机数字乘以7。乘法的符号是*。

生成右图所示的积木块。

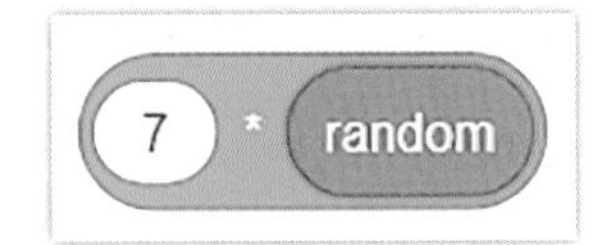

存储正确答案

现在，生成一个名为solution的变量。

使用下面显示的积木块将变量solution设置为计算值。

现在名为solution的变量存储了问题的正确答案。将完成的积木块添加到程序中。

完成程序

现在你可以完成程序了。使用if…else积木块，将answer值与solution值进行比较，并输出“You got it right!”或者“You got it wrong!”。

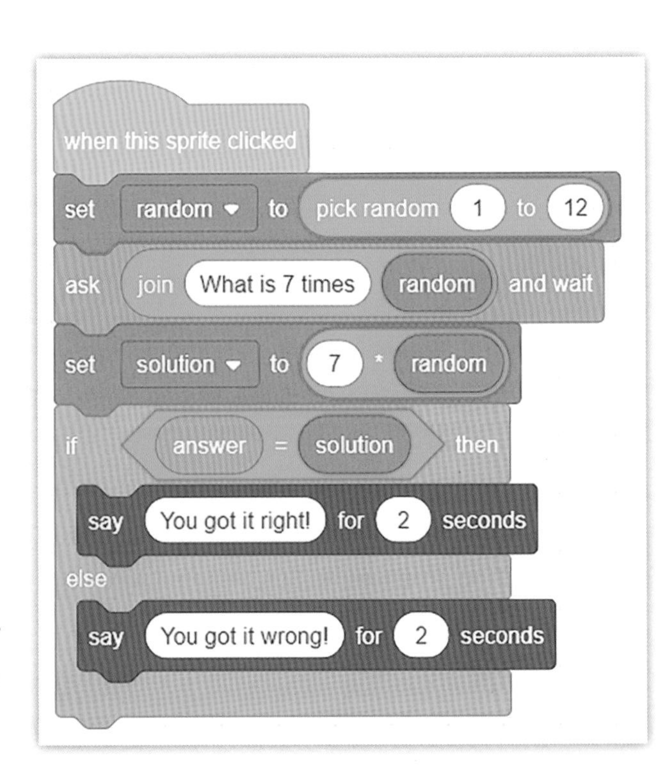

活动

加载3.2课创建的程序。添加本节课所学的额外指令来完成程序。运行程序以确保它能正常工作。你可以多运行几次。通常问题每次都会改变。但是由于问题使用一个随机数，有时你可能两次看到相同的问题。

额外挑战

将整个程序放在一个永久循环中。角色会一直问随机的问题，直到你终止程序。

提示：要停止程序，请单击红色停止标志。

创造力

改变角色形象和背景，使这个测试对于学生来说更加有趣。例如，你可以选择海洋中的鲨鱼或森林中的甲虫。

再想一想

你可以在Scratch中执行哪些其他类型的计算？测试一下哪些运算符是可用的？你怎么用它们来做测试题？

3.4 问10个问题

本课中

你将学习：

➔ 如何设计一个包含计次循环的程序。

中文界面图

螺旋回顾

回顾第4册中的永久循环。

退出条件

如果你以前使用过Scratch，那你可能使用过forever（永久）循环。此循环中的任何命令都将“永远”重复执行（直到程序停止）。

Scratch还有一些你可以使用的其他类型的循环。

程序停止循环的方式称为**退出条件**，即如何“退出”循环。

循环类型

Scratch有两种主要的循环类型。它们有不同的退出条件。

- **计次循环**（或**固定循环**）重复一定次数。
- **条件循环**（或**条件控制循环**）由逻辑测试控制。

在本课中，你将设计并创建一个带有计次循环的程序。

改变设计

你做的程序每次运行时都会问一个问题。一个更有用的测试会问很多问题。在本课中，你将扩展此程序，以便角色可以随机提出10个问题。

下面是新的程序设计。

重复，直到有10次循环。

- 输入：提出一个问题并得到用户的答案。
- 处理：计算问题的答案。
- 输出：如果answer=solution，则输出“You got it right！”；
  否则，输出“You got it wrong！”。

回到循环的顶部。

计次循环

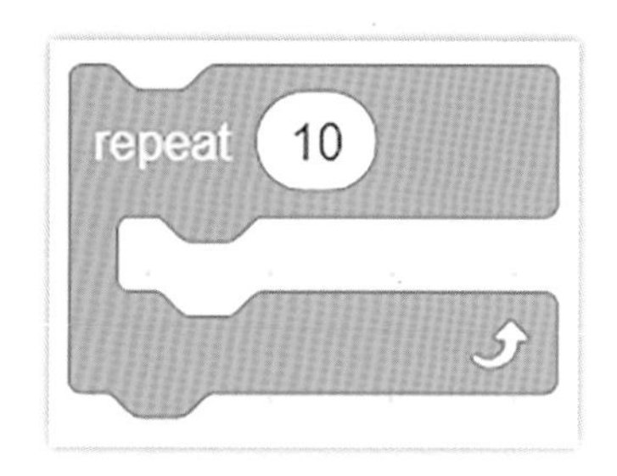

右图是构成计次循环的积木块。

你可以看到它计次到10时循环停止。更改此值，可以改变循环重复的次数。

扩展程序来实现设计

程序中的所有指令都必须进入计次循环。那是因为每一次，每个步骤都必须被重复。完成的程序如右图所示。

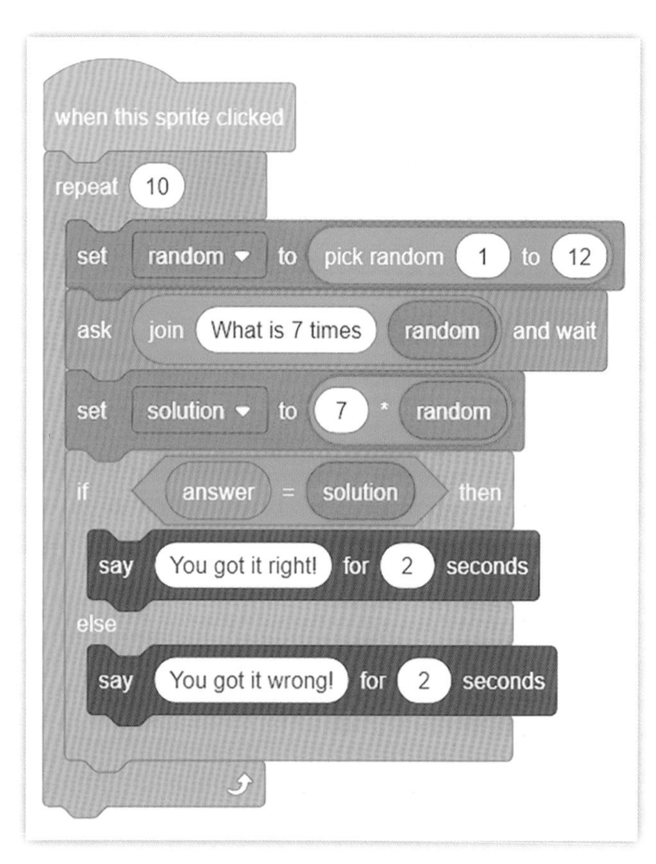

加载你在3.1课和3.2课所做的“7倍乘法表”程序。扩展程序使它使用一个计次循环。运行这个程序来确保它可以使用。保存文件。

制订一个整洁的程序设计书。你可以手写，也可以使用文字处理器。

额外挑战

你做的程序总是问10个问题。其他人可能喜欢不同数量的问题。

在循环开始之前，问用户他们想要几个问题。然后按用户需求设置循环次数。

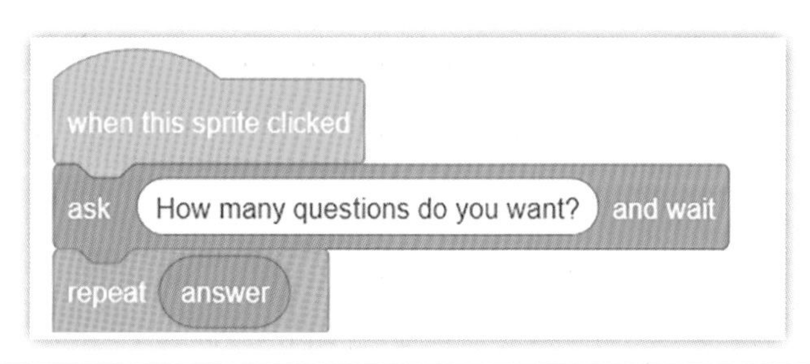

3.5 想停止吗

本课中

你将学习：

➔ 如何设计和创建一个带条件循环的程序。

中文界面图

条件循环

在3.4课中，你创建了一个带计次循环的程序。它正好循环了10次。测试也正好有10个问题。

在本课中，你将更改程序。

- 在每个测试问题之前，程序都会询问用户是否要停止测试。
- 如果用户输入Y（表示“是”），循环将停止。

这种类型的循环称为条件循环。条件循环由**逻辑判断控制**。逻辑判断比较两个值，并给出结果——True（真）或False（假）。

改变设计

下面是新的程序设计。

重复操作，直到用户输入Y。

- 输入：提出一个问题，并得到用户的答案。
- 处理：计算问题的答案。
- 输出：如果answer=solution，则输出“You got it right！”；
  否则，输出“You got it wrong！”。
- 输入：问“Do you want to stop？”（你想结束测试吗？）。

回到循环的顶部。

你必须在循环结构中提问“你想结束测试吗？”，这样用户才能在每个问题后都有机会停下来。

创建测试

你的程序将询问用户是否要停止。如果用户输入Y，程序将停止。

右图所示的积木块将用户答案与字母Y进行比较。创建这个测试积木块。

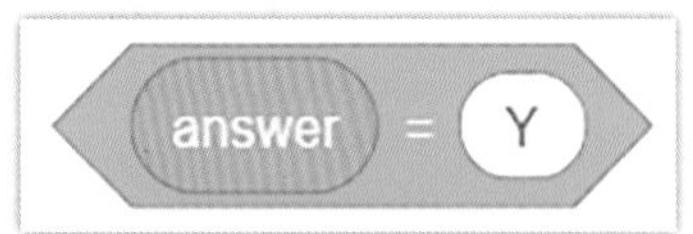

条件循环

右面是构成条件循环的积木块。

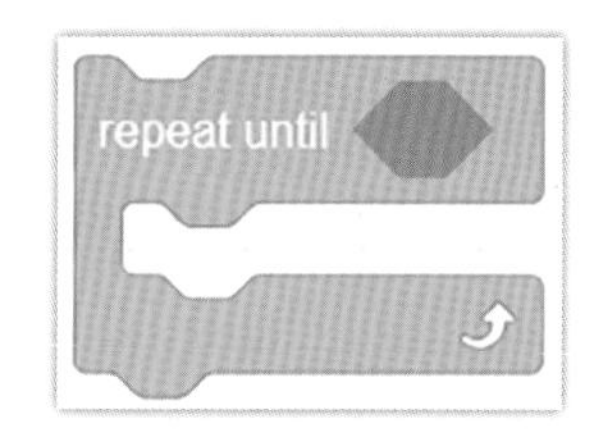

这种类型的条件循环称为**重复直到循环**（repeat until loop）。它从一个逻辑测试开始。循环中的命令将重复，直到逻辑测试为True（真）。

- 在循环顶部添加逻辑测试。
- 在循环结构内部添加问题Do you want to stop?。

循环将重复直到问题的回答是Y。

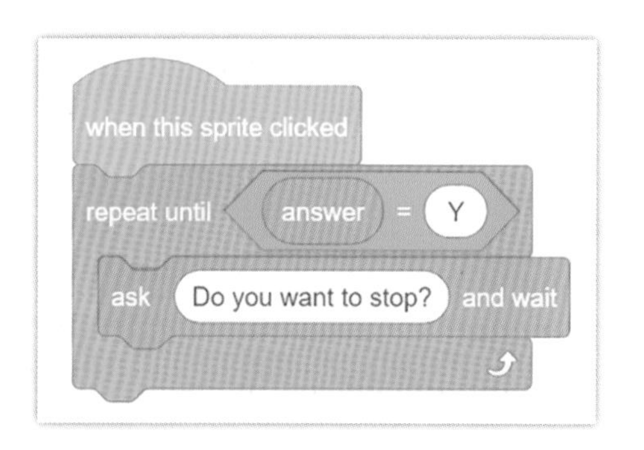

完成的程序

你完成的所有其他命令都将进入循环结构。这些指令将重复直到逻辑测试为True。

完成的程序如右图所示。

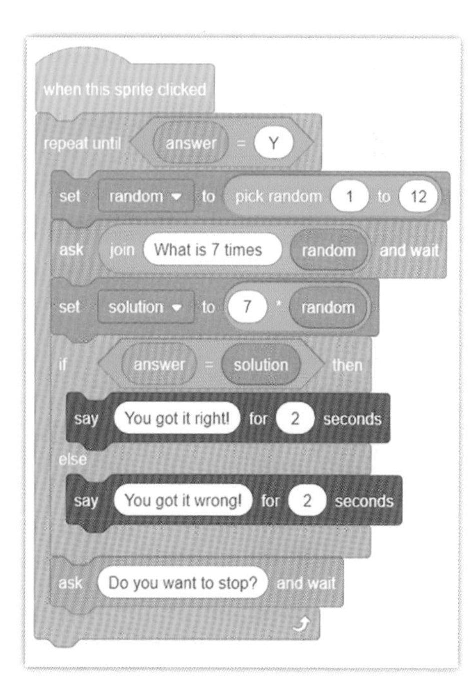

活动

创建本节课展示的这个程序。运行程序确保可以正常工作。如果输入Y，测试应停止。

注意：程序将不再运行。这是因为计算机记住了你最后输入的Y。你将学习如何解决这个问题。但是现在当你运行程序一次后就关闭程序。再次打开第二次使用它，这样会清除答案。

额外挑战

此程序不会连续运行两次。这是因为计算机能记住用户的答案。

通过将用户答案存储为变量来解决此问题。例如，变量可以命名为stop。然后在循环开始之前将此变量设置为N。

再想一想

给你所做的测试写一个简短的指南。在你的指南中，向你的同学解释如果他们运行这个程序会发生什么。

3.6 保持尝试

本课中

中文界面图

你将学习：

- ➔ 使用条件循环的另一种方法；
- ➔ 使用条件循环的优势和劣势。

这是更具挑战性的一节课程。如果你已经完成本单元的所有其他活动，可以尝试本节课。为本节课程新建一个Scratch程序。

提出一个困难的问题

你之前做的测试有一些练习七倍乘法表的简单问题。在本节课，你将创建仅包含一个问题的测试。但它将是一个困难的问题。

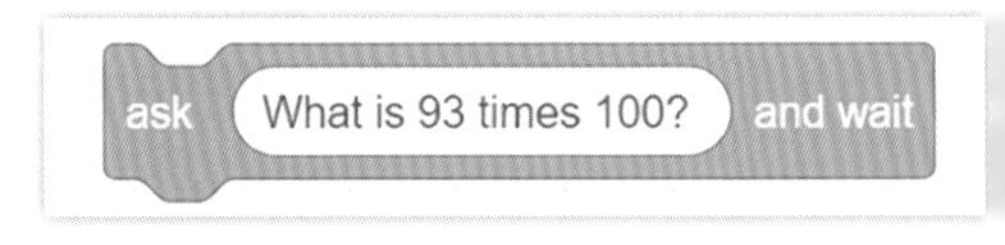

有一些不同的方法来提出一个困难的问题。

- 使用ask积木块来提出一个难题。
- 使用一个较大的随机数，直到50甚至更大。
- 提问不同类型的数学问题，例如除法或减法。

找出问题的解

生成一个名为solution的变量。你已经知道怎么做了。

现在设置solution的值，这是这个难题的正确答案。你得想出一个办法。

这里有一些例子可以帮助你。你只需要选择其中的一种方法。

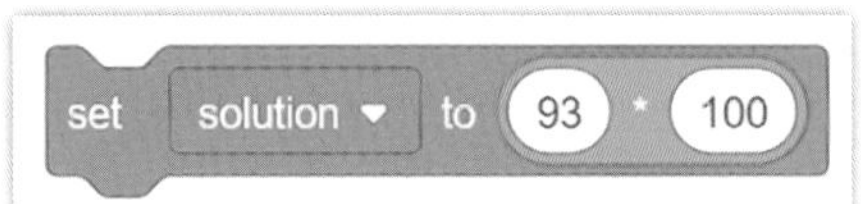

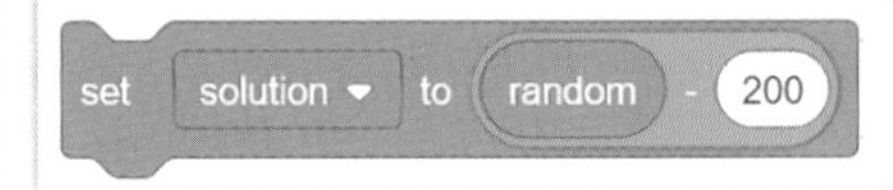

使用条件循环

现在向程序中添加一个条件循环。每个条件循环都由一个逻辑测试控制。在Scratch中，循环将一直重复，直到测试结果为True（真）。

此程序中的循环将要求用户在每次输入错误答案时重新尝试。当用户给出正确答案时，循环将停止。

你的程序可能和这个程序不完全相同。这取决于你的难题是什么。

```
when this sprite clicked
set random to pick random 1 to 1000
ask join random minus 200 = ? and wait
set solution to random - 200
repeat until answer = solution
    ask Try again. and wait
```

优点和缺点

使用条件循环来获得问题的答案有优点也有缺点。

优点是好处或者长处。以下是使用循环获取问题答案的一些优点：

- 用户有很多次机会可以回答；
- 用户可以一直尝试，直到他们得到正确答案。

缺点是问题或者坏处。以下使用循环获取问题答案的缺点：

- 如果用户不能得到正确的答案，他们就不能停止循环，更不能继续问新问题。

活动

启动Scratch。创建一个提出难题的程序。

如果用户得到错误的答案，使用条件循环要求用户重试。

运行程序，以确保它工作正常。

额外挑战

扩展程序，以使用户可以选择数字的大小。

提示：思考一个可以设置随机数的积木块。如果更改此积木块中较大的数字，会发生什么？

这个程序会问用户一个问题，直到他们答对为止。

写下这种程序的优点和缺点。

测一测

你已经学习了：

➔ 怎样设计一个包含循环的程序；

➔ 怎样使用条件循环和计次循环；

➔ 在一个程序中怎样使用随机数。

中文界面图

测试

在本单元你创建了一个带有计次循环的程序。思考一下你所做的工作。

❶ 思考你所创建的程序。用自己的话讲讲这个程序是做什么的。

❷ 说出程序中的哪些操作在计次循环中重复。

③ 简单设计一个包含计次循环的程序。

④ 解释计次循环和条件循环之间的区别。

在这个程序中，角色会问一个随机减法问题。

1.创建这个程序。添加一个Forever循环，这样角色会问很多问题。

2.调整程序，让角色正好问三个问题。

3.调整程序，使用条件控制循环结构。

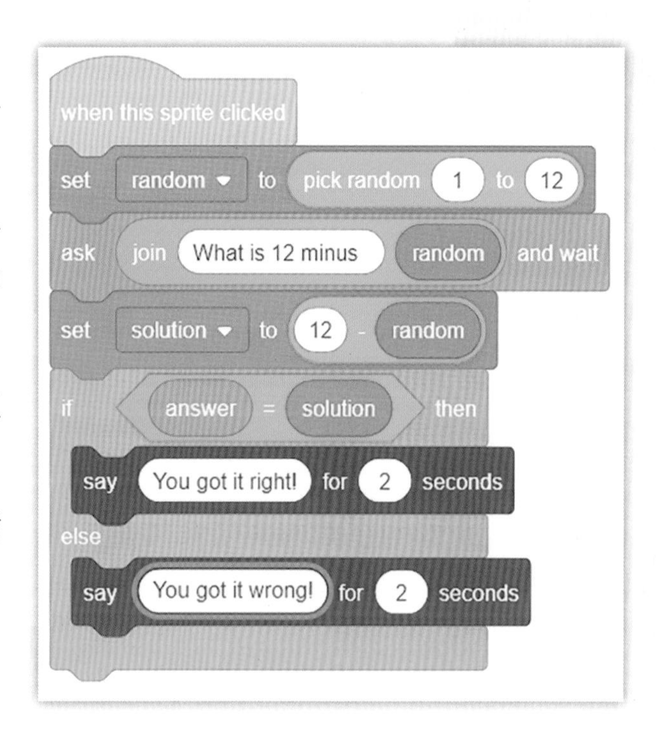

自我评估

- 我回答了测试题1和测试题2。
- 我完成了活动1。我创建了一个带有Forever循环的程序。
- 我回答了测试题1～测试题3。
- 我完成了活动1和活动2。我创建了一个带有计次循环的程序。
- 我回答了所有的测试题。
- 我完成了所有的活动。

重读本单元中你不确定的部分。再次尝试测试题和活动，这次你能做更多吗？

编程：饥饿的鹦鹉

你将学习：

- 如何使用条件循环和计次循环来控制角色的移动；
- 如何更改程序以满足需求；
- 如何使用x坐标和y坐标来设置位置。

在第3单元你学习了如何使用条件循环和计次循环。在本单元中，你将使用你的新技能开发一个简单的计算机游戏。在游戏中，一只饥饿的鹦鹉追逐一个苹果。你将使用坐标设置鹦鹉和苹果在屏幕上的位置，然后探索不同类型的循环如何改变游戏。

谈一谈

在本单元中，你将制作两个版本的计算机游戏。在第一个版本中，结果取决于机会。在第二个版本中，结果取决于用户技巧。大多数人认为技巧游戏更有趣。你怎么认为？在你最喜欢的游戏中，你使用了哪些技巧？想想你玩的所有游戏，不仅仅是计算机游戏。

你知道吗?

你只用两个数字就可以标识出地球表面的任何一点。这些数字被称为纬度和经度。纬度告诉你在南北方向有多远（从赤道开始）。经度告诉你在东西方向有多远（从本初子午线开始）。

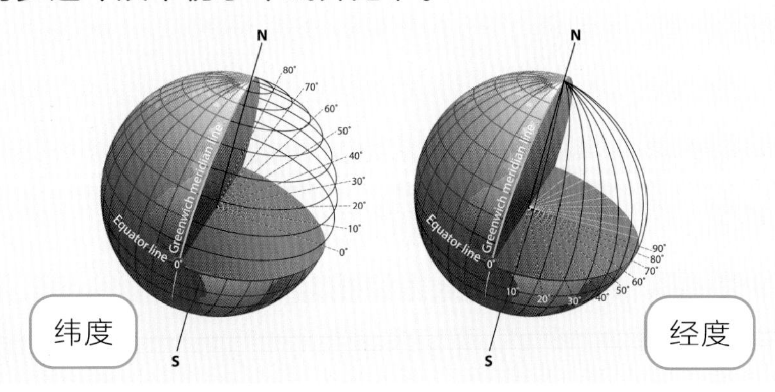

纬度　　经度

学习成果：调整程序以满足新的需求。

课堂活动

坐标　x坐标
y坐标　起始事件
造型　度
answer积木块　go to积木块

在这个活动中，你将使用数字坐标玩Treasure hunt（寻宝游戏）。

画一张荒岛的地图。添加树、山和湖等要素。用尺子在岛上画一个由行和列组成的网格。对列和行分别进行编号。

每个正方形由x坐标（列的编号）和y坐标（行的编号）标识。坐标确定宝藏在哪里。写下正方形的x坐标和y坐标，但不要给你的搭档看。

在游戏中挑战你的搭档。你的搭档猜宝藏在哪里。如果他错了，就划掉那个方块。继续猜，直到找到正确的方块。现在你们可以交换了，你将尝试在搭档的岛上寻找宝藏。

为了使游戏更有趣，可以在程序中增加一个隐藏的危险，如致命的蝎子。如果你的搭档选择了那个方块，他就出局了。

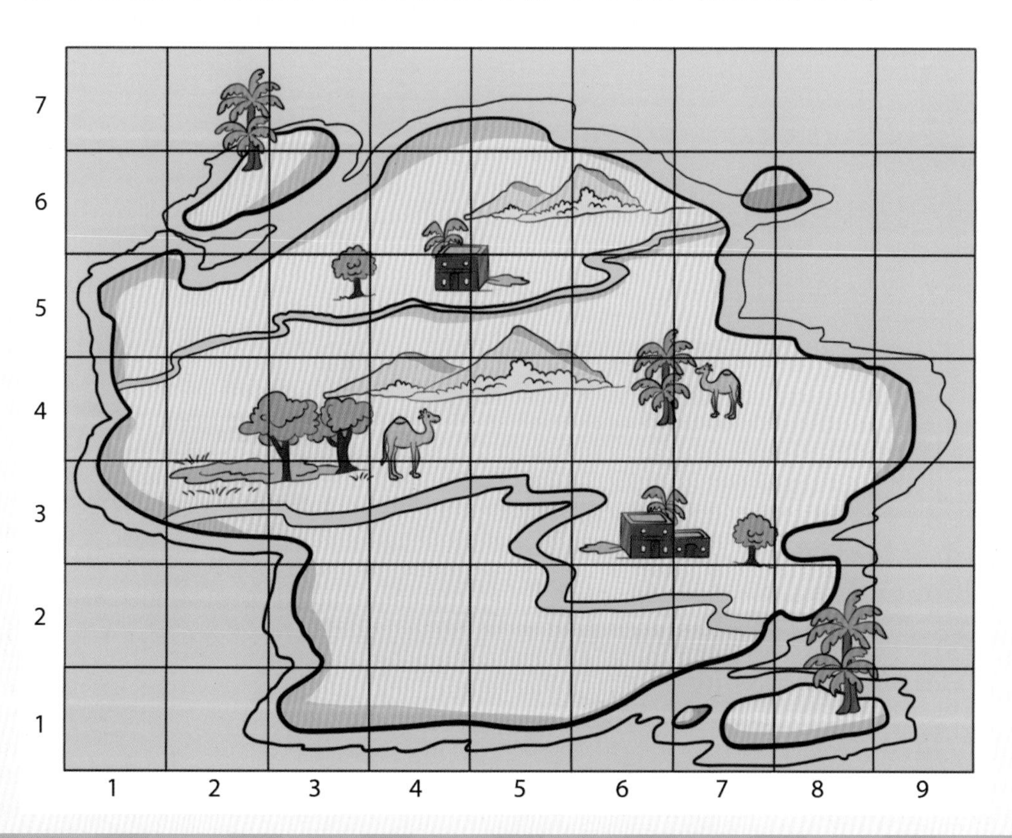

4.1 设置舞台

本课中

你将学习：

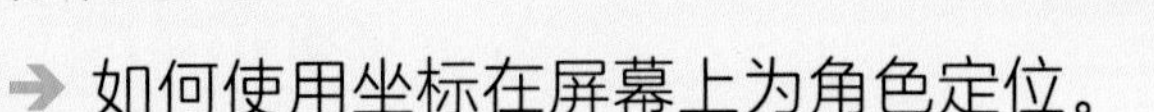

→ 如何使用坐标在屏幕上为角色定位。

螺旋回顾

在本课中，你将开始创建计算机游戏。你已经学会了如何选择角色和背景。本页将复习已经学习的内容。如果你从来没有使用Scratch对角色进行控制，在开始本单元之前，先复习一下第4册。

选择角色和背景

打开Scratch网站。开始屏幕显示白色背景上的猫角色。在屏幕的右下角有一些按钮，可以添加新的角色和背景。

本单元的游戏中有一只饥饿的鹦鹉在丛林中飞翔。

但如果你喜欢的话，可以选择不同的角色和背景。

什么是坐标？

角色移动的地方叫作舞台。舞台上的每个位置都有一个数值。这些数值称为坐标。每个坐标有两个数字：

- 从左到右的位置是x坐标。
- 从下到上的位置是y坐标。

坐标可以是正数、负数或零。舞台中心的x值为0，y值为0。

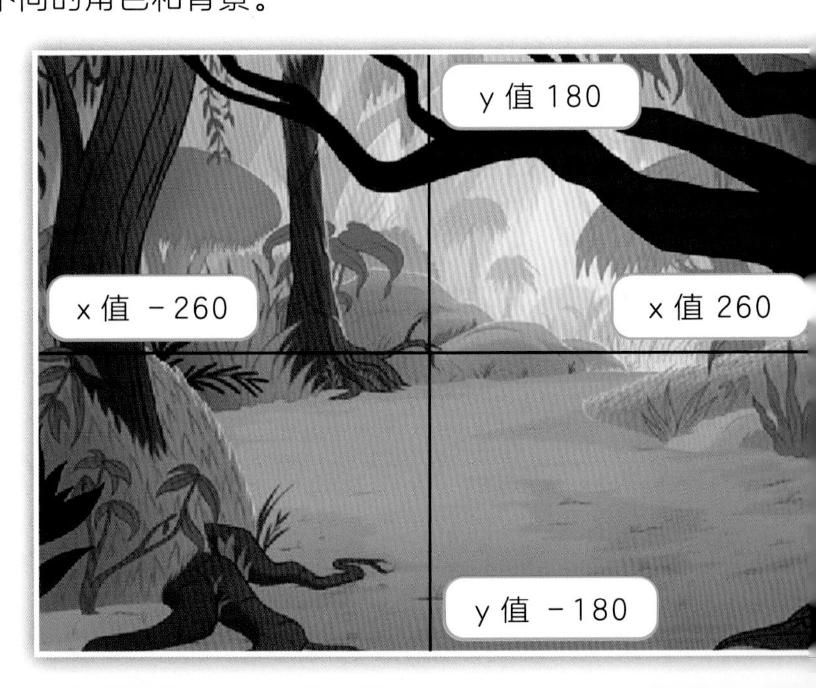

设置起始值

单击角色以改变其大小和位置。

- 鹦鹉角色太大了，所以将大小从100改为50。这是它的一半大小。
- 把鹦鹉放在屏幕的左边。将其x坐标更改为－200，y坐标更改为0。

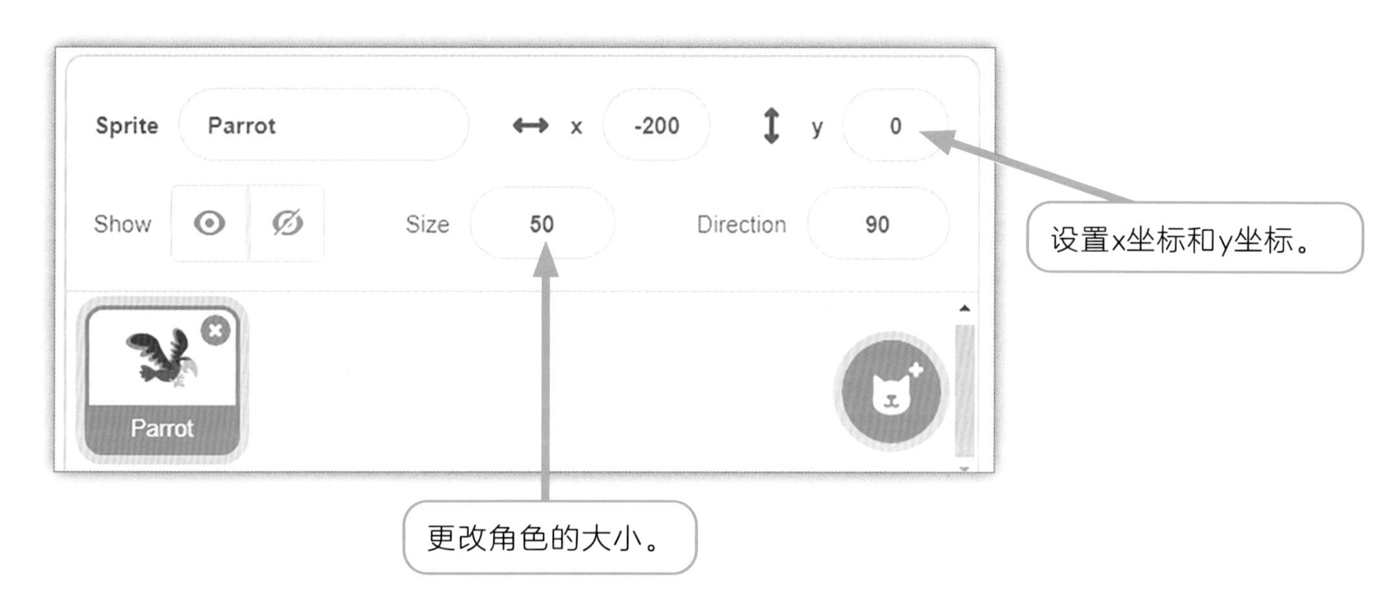

屏幕准备好了。现在你可以开始写程序了。

准备一个有角色和背景的舞台。

更改角色的大小和位置。

保存文件。

额外挑战

浏览屏幕上不同位置的数值。把角色拖到舞台上的一个新地方。从舞台下方查看新位置的x坐标值和y坐标值。

4.2 控制角色

本课中

中文界面图

你将学习：

➔ 如何写一个脚本来移动舞台上的角色。

启动程序

每个程序都需要一个**启动事件**。启动事件是用户启动程序的方式。对于你的游戏，你将使用绿色旗帜按钮启动程序。

- 查看黄色的Events（事件）积木块。
- 选择绿色旗帜事件积木块，并将其拖到舞台上。

接下来设置鹦鹉的起始位置。

- 查看蓝色的Motion（运动）积木块。
- 找到go to积木块。上面显示“go to x:…y:…”。有空格让用户输入x坐标和y坐标。
- 把这个积木块放进程序里。
- 将鹦鹉的x坐标和y坐标设置为 x=－200，y=0。

每次程序启动时，鹦鹉都会飞到这个位置。

到目前为止的程序如右图所示。

when clicked
go to x: -200 y: 0

移动角色

蓝色的Motion积木块使角色移动。找到Move 10 steps（移动10步）积木块。将此添加到程序中，然后运行程序。

这只鹦鹉走不了多远。要使其进一步移动，请将Move 10 steps积木块放入计次循环中。到目前为止的程序如右图所示。

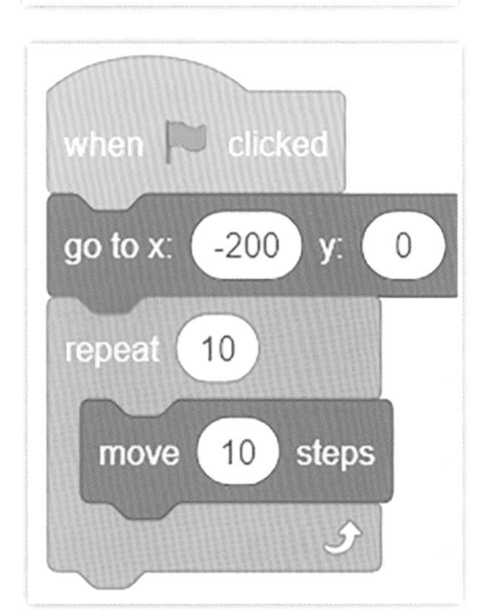

重复移动积木块10次。运行程序时，鹦鹉会移动得更远。

扇动翅膀

为了让游戏更有趣，你会让鹦鹉拍打翅膀。角色的不同“外观”称为**造型**。对于鹦鹉来说，这些是不同的翅膀位置。

你还将使角色在每次拍打翅膀后暂停几秒。这使得鹦鹉的移动更加真实。

需要的新积木块如右图所示。确保将wait值更改为0.2（秒）。

把积木块放在循环结构里。

如果你选择了一个不同的角色，造型的改变会看起来与此不同。但尝试还是很有趣的。

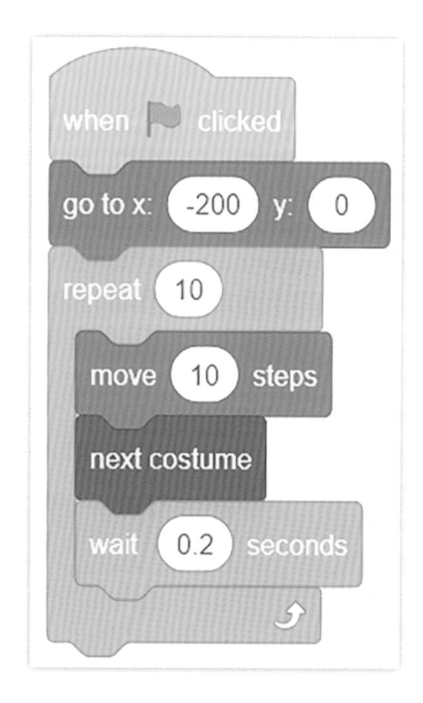

活动

编写一个程序来移动角色，如本课所示。

运行程序，以确保它工作正常。

保存文件。

额外挑战

程序中的程序块中有数字：

- 步数；
- 重复次数；
- 两次拍打翅膀之间等待的秒数。

改变这些值并查看这些改变对程序的影响。

这个程序使用循环。这是什么样的循环？退出条件是什么？

4.3 添加第二个角色

本课中

你将学习：

➔ 怎样创建一个带有两个角色的程序。

中文界面图

给鹦鹉一个苹果

在这个游戏中鹦鹉饿了，你将帮助鹦鹉寻找食物。开发一个程序，让苹果在鹦鹉面前的随机位置出现。

使用你已经学会的技能，将一个苹果角色添加到这个程序中。将其大小设置为50。

移动苹果

现在开发一个简短的程序来控制苹果角色。

启动块是绿色旗帜积木块。

新程序只需要再加一个块。使用go to积木块将角色移动到（x，y）坐标处。

将x值和y值设置为0，并将两个积木块拼接在一起。

程序看起来是这样的。

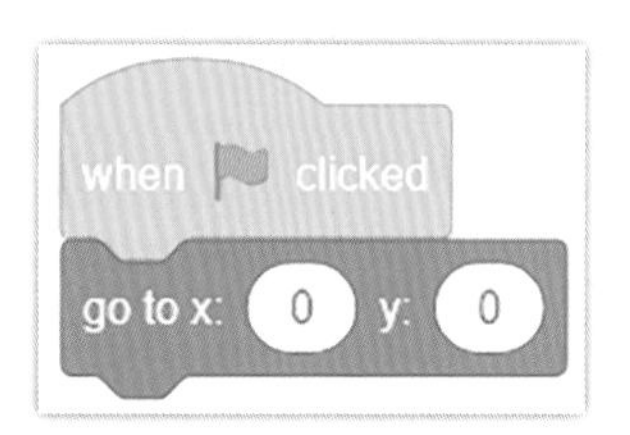

使x值为随机数

现在你将使x坐标成为一个随机值。这意味着积木块将移动到鹦鹉前面的一个随机位置。

下面是生成随机值的积木块。

此积木块生成1~10的随机数。但你将改变它。

- x坐标的最小可能值为－260。
- x坐标的最大可能值为260。

在random积木块中输入这些数字。

将random积木块放入程序。完成的程序如下所示。

果飞去。但是苹果的

定能碰到苹果，有时

，如本课所示。开发一个程序来

控制

工作正常。保存文件。

例如

草莓

置。

使用此积木块可以使草莓跳到屏幕上的任意位置。

这使得鹦鹉更难碰到草莓。

苹果的x坐标是任意一个-260到260之间的随机值。

a. x坐标是什么意思？

b. 随机是什么意思？

c.还有什么其他值和x坐标一起来设置角色的位置？

4.4 怎样赢得比赛

本课中

你将学习：

➔ 如何使用if…else来控制程序的输出。

中文界面图

if…else

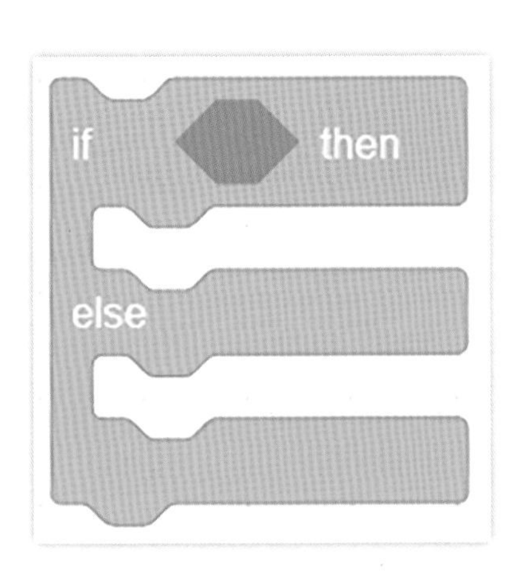

修改程序显示鹦鹉是否已经吃到晚餐。你将在程序中添加更多指令。

单击鹦鹉角色。使用if…else积木块，在第3单元已经用过这个积木块，将其添加到程序中。当鹦鹉完成移动时，它在这个循环之后出现。

侦测

浅蓝色的Sensing（侦测）积木块在事件发生时进行“侦测”。其中一个积木块能侦测到鹦鹉是否碰到了苹果。下面是“侦测”积木块。使用下拉菜单选择Apple。

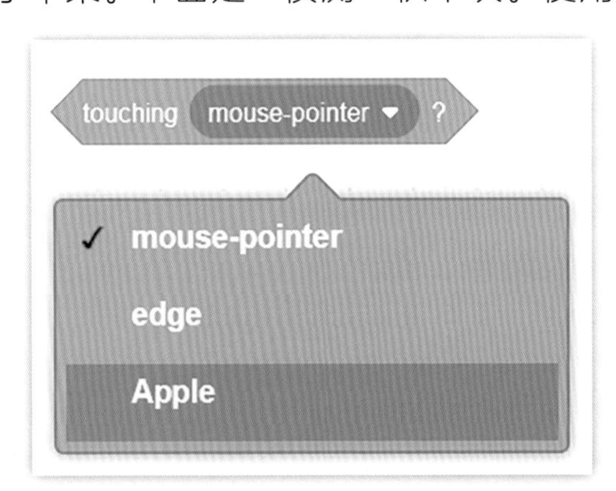

这个积木块完成一个测试。如果鹦鹉碰到苹果，测试结果为True。

如果鹦鹉没有碰到苹果，测试结果为False。

这个“侦测”积木块进入if…else积木块顶部的程序中。

完成程序

最后，在程序中加入say积木块。

- 如果鹦鹉碰到苹果，鹦鹉会说：“Yum Yum！”
- 否则，鹦鹉说：“I’m hungry！”

修改后的程序如右图所示。

运行这个程序，你就会看到鹦鹉是否得到了它的晚餐。

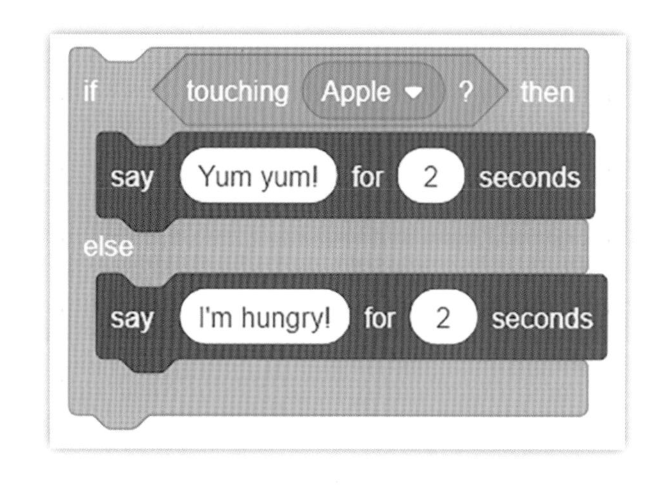

活动

添加本课中显示的if…else部分。

运行程序，以确保它工作正常。

保存文件。

创造力

为类似的游戏出一个主意。你可以选择不同的背景和不同的角色，而不是鹦鹉飞来吃苹果。

额外挑战

添加一个草莓角色，如果鹦鹉碰到草莓，鹦鹉会说：“I like this dinner!（我喜欢这顿晚餐！）”

提示：你必须把对草莓的测试放在对苹果的测试之前。

探索更多

玩几次鹦鹉游戏。记下鹦鹉多久接触一次苹果。百分比是多少？

4.5 有多少翅膀

本课中

你将学习：

➔ 如何使用输入值来控制计次循环。

中文界面图

使用你的技能

你所做的游戏到目前为止还不够好。用户不需要使用技能来玩游戏。鹦鹉可能碰到苹果，也可能碰不到。结果是随机的。现在改变程序来让鹦鹉问你需要扇动多少次翅膀。

在你输入一个数字（例如3）后，鹦鹉会扇动它的翅膀的次数如该数所示。它会向前移动的次数如该数所示。

如果你输入正确的数字，鹦鹉就会碰到苹果。必须用你的技巧选择正确的数字。

问一个问题

你在第3单元使用了ask积木块。找到这个积木块，把问题改成“How many times shall I flap my wings?”（我应该扇动翅膀多少次？）。

在将块插入程序之前，必须先将块分开。在循环之前将新块放入程序。然后把这些积木块重新装配在一起。

程序的开始如右上图所示。

```
when clicked
go to x: -200 y: 0
ask How many times shall I flap my wings? and wait
repeat answer
    move 10 steps
    next costume
    wait 0.2 seconds
```

输入一个数字

用户可以输入问题的答案。

你在第3单元中学习了用户回答的问题由计算机存储。答案被存储在一个浅蓝色的answer积木块。你要把这个积木块放到计次循环里。循环将会重复该次数。

例如，如果输入6，循环将重复6次。运行程序看看会发生什么。

乘以2

这个程序还是不太正确。如果你输入6，鹦鹉将会扇动3次翅膀。这是因为翅膀的每一次扇动都使用两个循环：

- 一个循环使翅膀往上；
- 一个循环使翅膀往下。

因此你需要让每一次扇动循环两次。你将使用乘法运算符（ * ）。你在第3单元使用了这个运算符把用户的答案乘以2。

把这个运算符放到计次循环中。现在鹦鹉扇动翅膀的次数将是准确的。

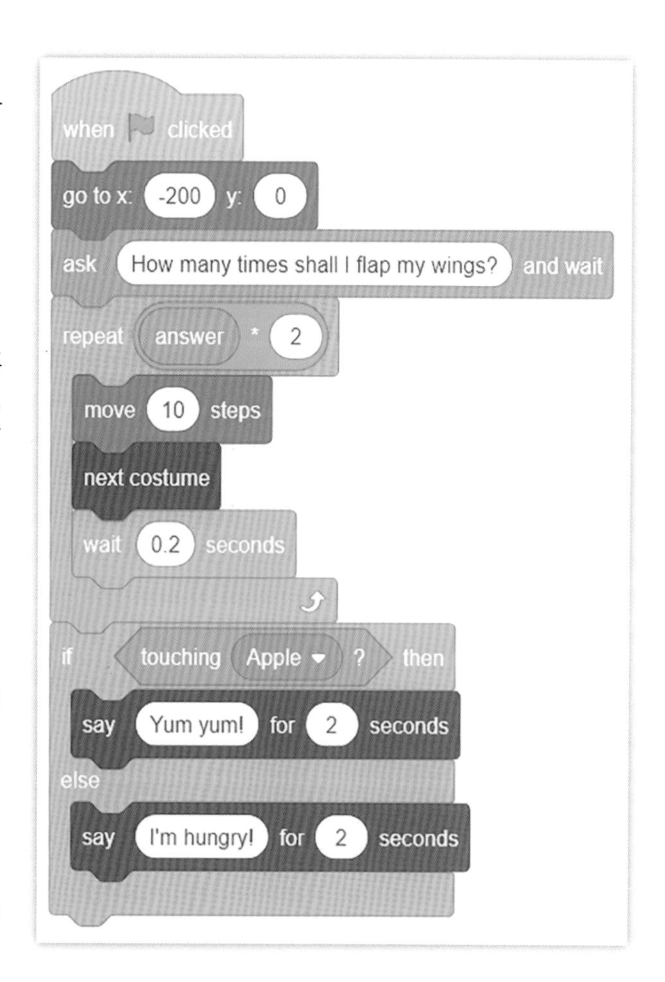

完成的游戏

完成的程序如右图所示。对照这张图检查一下你的工作，确保一切正常。

使用本课所示的程序完成鹦鹉游戏。运行程序，以确保它工作正常。保存文件。

设计鹦鹉游戏。显示输入、输出和处理。

额外挑战

新建一个文件。使用不同的角色和不同的背景，创建这个游戏的新版本。你能不使用本书介绍的检查表创建整个程序吗？

4.6 追逐晚餐

本课中

中文界面图

你将学习：

- 在游戏中如何使用条件循环；
- 怎样独立完成一个游戏。

一个新游戏

在本课中，你将开发一个名为Chase Your Dinner（追逐晚餐）的新游戏。你将独立工作，并使用图像帮忙。只有完成了本单元的所有其他课程后，才能开始这个项目。

开始一个新的程序。选择背景。添加两个角色：

- 一个角色是食物。
- 另一个角色追逐食物。

如果你喜欢的话，你可以再次使用鹦鹉和苹果。本课的示例游戏使用机器人和松饼。

放置食物

为食物角色开发一个简单的程序，以便它能移动到屏幕中任何一个随机位置。

```
when [flag] clicked
go to (random position ▾)
```

定位追逐者

另一个角色追逐食物。它就是追逐者。为追逐者启动一个程序。设置x和y坐标以及方向，如右侧第3个图所示。

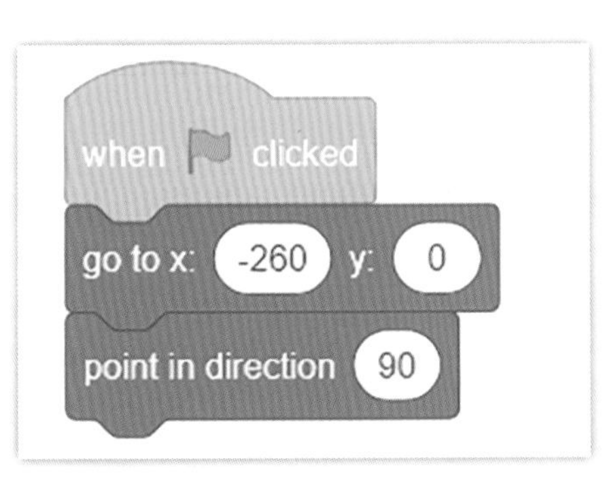

多少度？

角度以度为单位。直角是90度。此程序将要求用户输入度数。追逐者就会转动此度数。

使用右图所示的积木块。

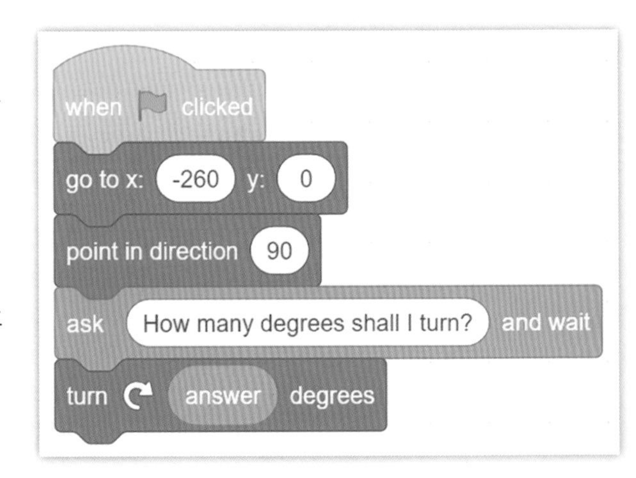

持续移动

右图显示了一个条件循环结构。循环将一直重复直到追逐者触碰食物。

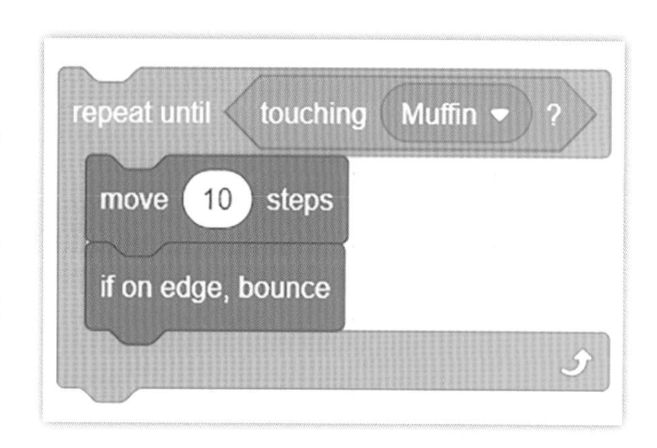

在循环中有两个指令：一个是保持向前移动的命令；另一个是从屏幕边缘反弹的命令。这意味着追逐者角色会一直移动直到得到食物。

结束动作

你可以给比赛加一些结束动作：

- 在循环中，添加一些指令来更改造型并等待0.2秒。这将使得移动看起来更加真实。
- 循环结束后，追逐者已经抓住了食物。让追逐者说："I got my dinner!"（我有晚餐了！）。

完成的游戏

完成的程序如右图所示。对照这张图检查你的作品。

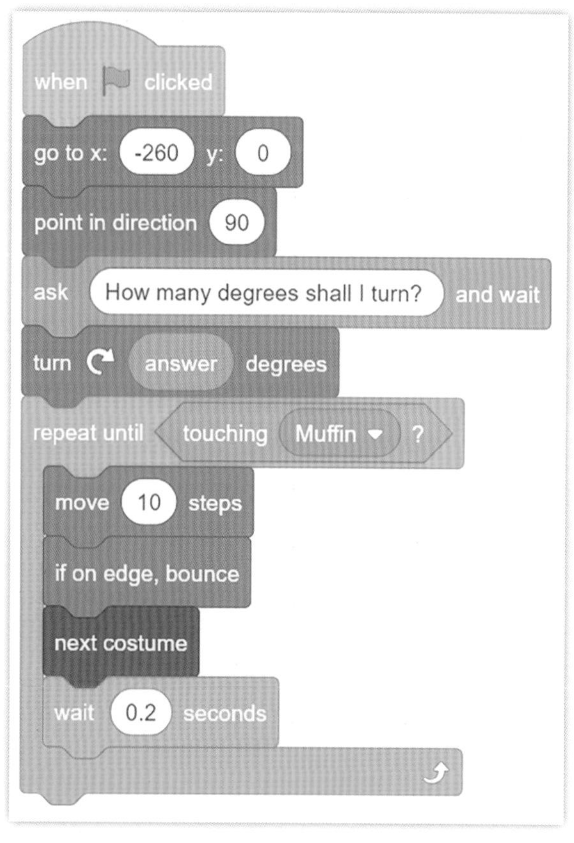

活动

开发一个如本节课所示的新游戏。运行程序，以确保它能正常工作。

保存文件。

额外挑战

更改程序，使食物和追逐者在屏幕上移动，这样追逐者更难抓住食物。

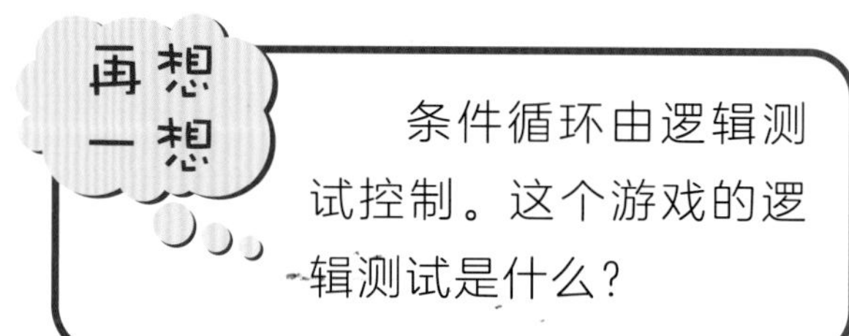

再想一想

条件循环由逻辑测试控制。这个游戏的逻辑测试是什么？

测一测

你已经学习了：

- 怎样使用条件循环和计次循环来控制角色的移动；
- 怎样对一个程序进行修改来满足需求；
- 怎样使用x坐标和y坐标来设定位置。

中文界面图

```
when [flag] clicked
turn ↻ 15 degrees
move 25 steps
if on edge, bounce
wait 0.2 seconds
next costume
```

测试

左拉正在做一个Scratch程序。该程序将控制兔子的移动。

兔子向前移动了25步。

❶ 左拉希望兔子一直移动，只要程序还在运行，就永远不要停下来。哪个积木块能让这种情况发生？将它画出来或给它命名。

❷ 左拉想改变这个程序来让兔子重复这个动作10次。哪个积木块能让这种情况发生？将它画出来或给它命名。

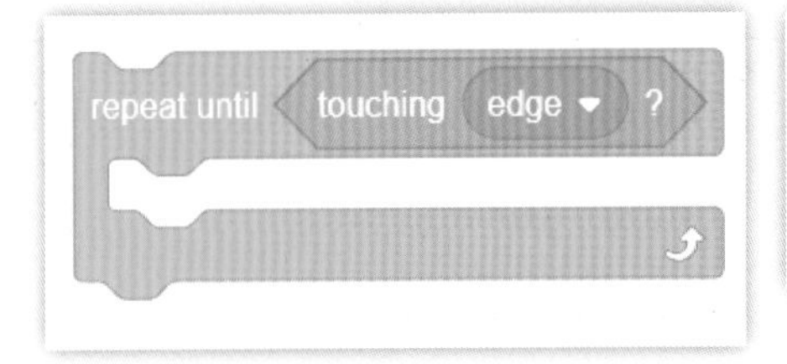

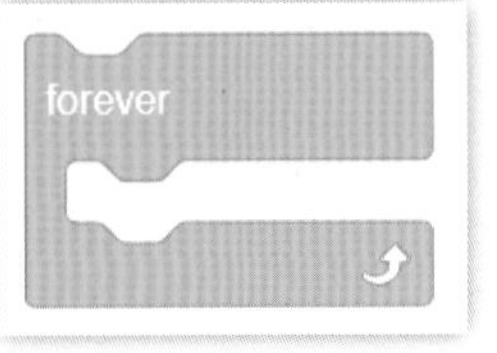

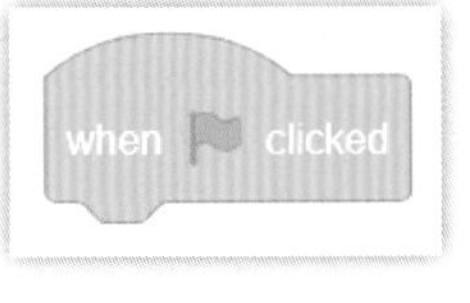

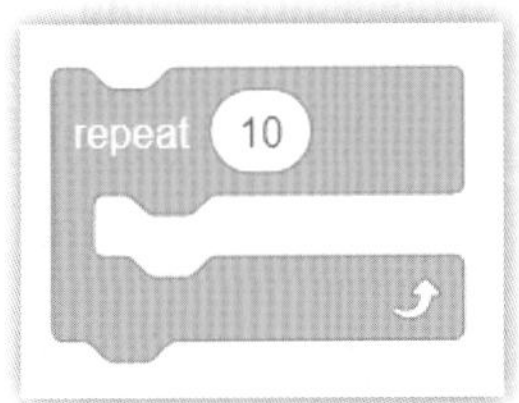

❸ 左拉希望用户能决定兔子移动多远。哪个积木块能让这种情况发生？将它画出来或给它命名。

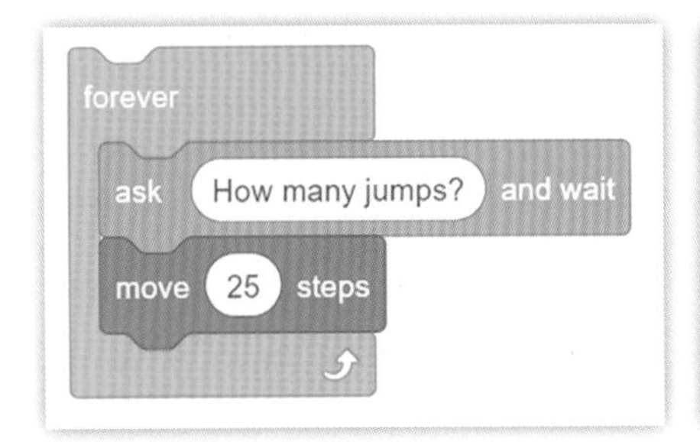

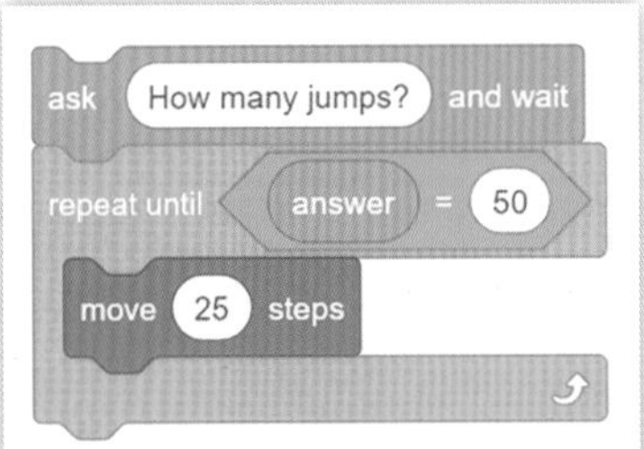

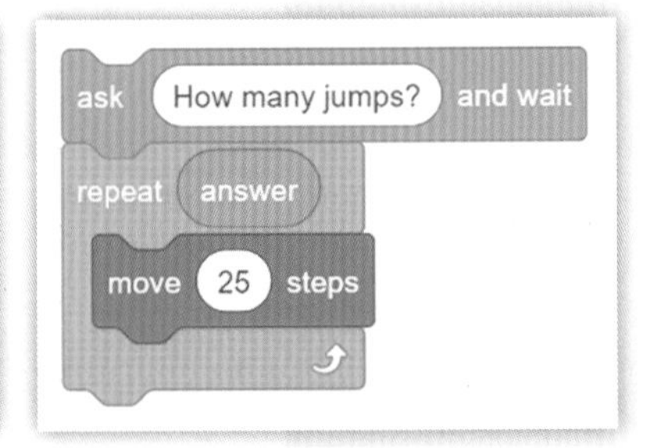

杰斯创建了一个程序，能使宇宙飞船在太空中移动。程序有一个永久循环，如右图所示。

```
when [flag] clicked
go to (random position ▾)
turn ↻ (pick random (1) to (90)) degrees
forever
    move (10) steps
    if on edge, bounce
end
```

1.创建这个程序并运行它。

2.修改程序，使角色在每个循环中移动6步。

3.修改程序，使循环重复100次，然后停止。

4.修改程序，使程序循环直到角色碰到鼠标指针为止，而不是计次循环。

自我评估

- 我回答了测试题1。
- 我完成了活动1。我做了一个有用的程序。
- 我回答了测试题1和测试题2。
- 我完成了活动1～活动3。我做了程序，然后做了一些修改。
- 我回答了所有的测试题。
- 我完成了所有的活动。

重读本单元中你不确定的部分。再次尝试测试题和活动，这次你能做得更多吗?

5 多媒体：演示一个食谱

你将学习：

- 如何规划项目摄影；
- 如何用数码相机拍出好照片；
- 如何使用计算机改善照片；
- 如何在文档中组合照片以创建与文本适配的插图。

谈一谈

对于拍摄食谱照片，你有什么好想法？它们可以展示什么内容？

数码摄影是为你的项目创建插图的极佳方式。许多现代设备都内置了数码相机。你可以将这些设备连接到计算机或联机共享照片，以便在文档中使用它们。你也可以编辑你的照片来改善它们。

摄影的历史

1826

平板照相机： 第一张照片大约是在200年前拍摄的。早期的照相机将图像放在金属板上。他们所做的这些图像被叫作达盖尔银版照片。

胶卷照相机： 第一批使用胶卷的照相机是100多年前发明的。"布朗尼"相机既便宜又好用，现在任何人都可以成为摄影师。

1888

学习成果： 制作和分享适合特定观众和目标的图像；修改图像以增加其感染力。

在本单元中，你将制作、编辑和组合**数码照片**来演示食谱。数码照片是由一个将图像存储为数字数据的相机生成的。

数码照片
专业摄影
组合　主题
USB接口　故事板　庄稼
标签

课堂活动

1.在一本书或一本杂志里什么样的照片称得上是好照片？选择一张你喜欢的照片，写下它是好照片的理由。

先想想照片本身，然后想想它是如何与页面上的文本相互配合的。

2.列一张内置摄像头设备的清单。你家里有多少这样的设备？

你知道吗？

自1826年以来，照相机发生了很大的变化。研究人员估计，现在每年大约拍摄1.2万亿张照片。大多数人用智能手机拍照。

1990s

随处可见的相机：今天，数码相机被内置在许多其他设备中。大多数智能手机、笔记本计算机和平板计算机都内置了数码相机。

2000s

数码相机：在20世纪90年代，数码相机比胶卷相机更受欢迎。数码相机配合计算机工作。相机将照片存储为文件。你可以使用计算机来存储和更改图像。

5.1 规划一次摄影

本课中

你将学习：

- 如何规划食谱页的摄影；
- 如何改变图像类型以使文档更有趣、更有用。

螺旋回顾

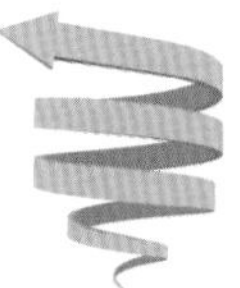

在第2册和第3册中，你学会了如何在文档中使用图像和文本。在本单元中，你将学习更多有关如何使图像与文本相配合的知识。你将学习如何以不同的方式把图像和文本组合在一起，使你的文档更有趣、更实用。

什么是摄影?

当专业摄影师为一个项目拍照时，他们称之为专业**摄影**。他们总是很认真地策划，以便为项目拍摄到合适的照片。你也需要规划你的摄影。

一些关于摄影的想法

获得灵感的一个好方法是看别人是如何用照片来阐释其作品的。

要想为你的食谱作品获得灵感，你可以查看：

- 学校或家里的食谱；
- 互联网上的食谱网站和食品博客。

制订计划

1.首先你需要选择一个食谱。

- 食谱中有哪些步骤?
- 最重要的步骤是什么?
- 哪些步骤可以拍出更好的照片?

2.尽量使用各种类型的照片，让菜谱看起来更有趣。你可以使用：

- **不同的构图**：特写镜头和广角镜头。
- **不同角度**：从上方、侧面或下方拍摄照片。
- **道具**：如厨房用具。
- **操作**：展示一个人或仅仅是他们的手正在做一些食谱中的动作步骤。

右图中的照片展示的是一个人在用工具，并完成食谱中的某个操作。

3.使用**故事板**帮助你决定要包含哪些照片。故事板是一系列展示照片顺序的简单绘图。故事板还展示了每张照片表达的内容。

你的故事板将帮助你决定在照片中会有哪些食材、道具和动作。

活动

选择食谱。

选择要拍摄的食谱步骤，一般不超过6个。

画一个故事板，展示你需要拍摄的所有照片。

额外挑战

想象你是一个图片编辑。你的工作是告诉摄影师他们需要拍摄哪些照片。你需要给出有关的指示：地点，人，设计和颜色。把你的指示写在故事板上。

探索更多

想想你拍摄所需要的道具或材料。例如，一个碗或一张配料图片。找到你需要的道具，带到下一课。

5.2 拍摄数码照片

本课中

你将学习：

- 如何使用数码相机拍照；
- 如何构图；
- 如何使你的相机聚焦在一个物体上；
- 如何利用光线使你的照片更好看。

构图

每张照片都有一个**主体**。主体是你想展示的主要内容。你可以决定将你的主体放在照片的任何地方。在许多照片中，主体位于图像的中心。你可以把你的主体放在别的地方来使**构图**更加有趣。

中央构图法

专注于你的主体

当你的照片对焦时，它看起来清晰而不模糊。大多数现代相机都有**自动对焦功能**。自动对焦测量相机和被摄物之间的距离，并为图像设置正确的焦距。

你可以使用相机的取景器或屏幕来帮助你聚焦在拍摄对象上。当你使用智能手机时，你可以用触摸屏来告诉相机在哪里对焦。

三分构图法

增强照片的亮度

你的相机可以测量和控制每张照片的**曝光**。曝光量是到达传感器以制作每张照片的光量。

偏心构图法

相机可以设置**快门速度**来控制传感器捕捉光的时间长度。如果快门速度太低，当拍摄对象移动时，照片会变得模糊。

相机可以控制传感器对光线的敏感度。该设置有时称为ISO。当ISO设置增加时，相机可以用较少的光线拍摄照片。如果ISO增加得太多，照片可能看起来像颗粒状和斑点。

微光会使照片模糊。这有时候看起来不错。

大多数相机都有内置闪光灯。使用闪光灯并不总是照亮照片的最佳方式。闪光灯会使照片曝光过度。你的特写照片可能有深色的边缘和非常明亮的中心。

活动

使用相机或智能手机拍摄与故事板相匹配的照片。按照5.2课写的说明去做。使用不同的构图和不同的灯光、带闪光灯和不带闪光灯分别拍照。

照片上出现的斑点称为**噪点**。

现在比较一下你的照片，哪一个看起来更好？解释你为什么这么想。

把你最好的照片和同学最好的照片进行比较。谈谈照片之间的区别。

额外挑战

在你的相机或智能手机上找到手动设置菜单。更改快门速度和ISO设置，并比较你拍摄的照片。这些变化对照片有何影响？

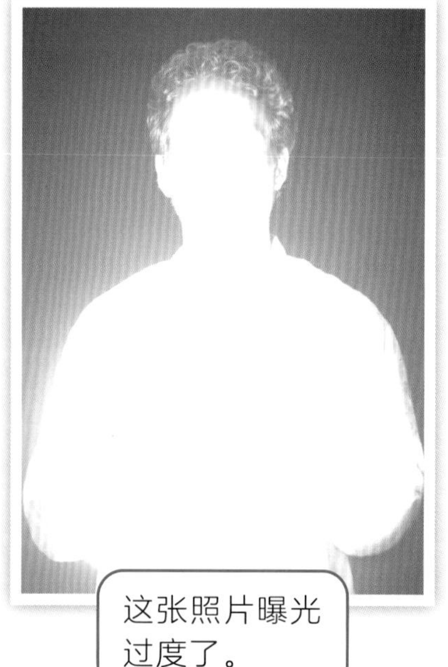

这张照片曝光过度了。

探索更多

想一个主题，如“庆祝”或“幸福”或你最喜欢的颜色。用你的相机拍摄你家周围的事物。尝试不同的构图和灯光。保存你喜爱的照片。

5.3 分享照片

本课中

中文界面图

你将学习：

- 如何连接数码相机和计算机，将照片复制到计算机；
- 如何使用云存储分享照片；
- 如何使用相册来组织照片。

传送照片

要在文档或其他项目中使用照片，必须先将照片从数码相机或智能手机传输到计算机。你可以把相机连接到计算机，也可以通过互联网传送照片。

将相机连接到计算机

你可以使用USB电缆将大多数数字设备连接到计算机。右图展示了不同尺寸的USB接口。

确保你有正确的电缆。你的计算机通常有一个标准的USB插口，但你的相机或手机可能有一个较小的插口。

将相机或智能手机连接到计算机。在每个设备中插入正确的USB插头，你将看到一个对话框。

你可以使用Photos应用程序导入照片。单击Import photos and videos（导入照片和视频）。

HTC One M9

Choose what to do with this device.

Import photos and videos
Photos

你的计算机会在相机中找到照片文件。勾选要导入的文件。单击Import selected（导入选定项），计算机会将你的照片复制到计算机的Pictures（图片）文件夹中。

使用云存储分享你的照片

如果你已使用智能手机、平板计算机或支持互联网的照相机拍摄照片，则可以使用云存储来存储照片文件。你的计算机可以通过互联网访问这些文件。

有许多不同的云存储服务，如百度云盘、OneDrive、谷歌照片、iCloud和Dropbox等。大多数云存储服务允许你在计算机上查看和处理照片。

整理相册中的照片

照片通常按日期存储在计算机上。你可以把照片放进相册，便于日后方便地找到它们。

你可以在Photos应用程序中将图像添加到相册中。你可以创建不同的主题或项目的新相册。

记住： 在将设备连接到计算机之前，请务必获得设备所有者**和**计算机所有者的许可。

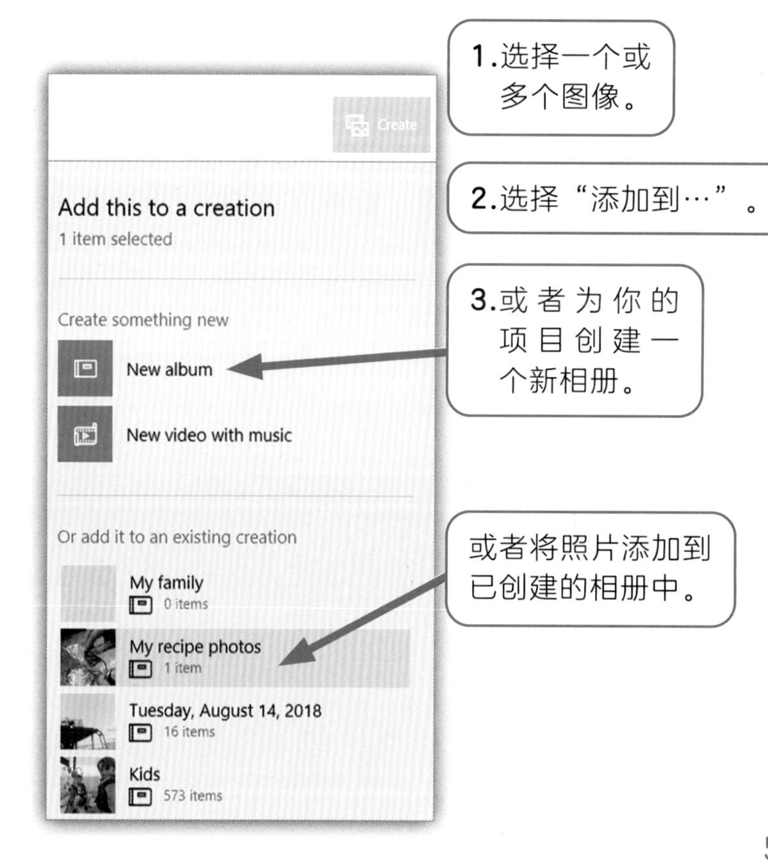

活动

使用USB电缆或云存储将照片传输到计算机。

在Photos应用程序中为你的食谱选择所需的照片。

创建一个食谱相册。

把你选择的所有照片放到你的计算机中。

额外挑战

你能想出其他在设备间分享照片的方法吗？写下你的建议及其优点和缺点。

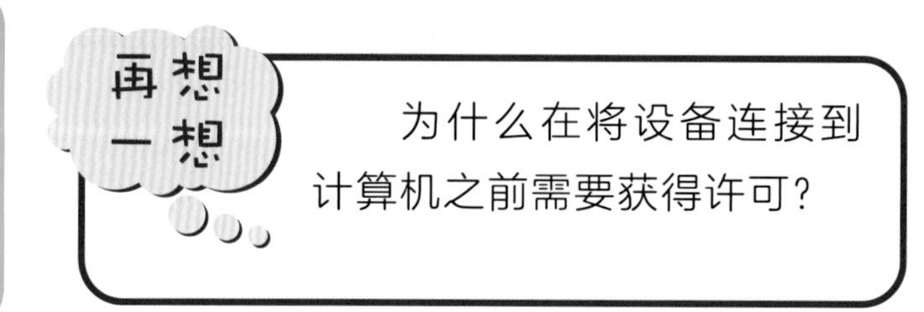

为什么在将设备连接到计算机之前需要获得许可？

5.4 美化照片

本课中

你将学习:

➔ 如何通过使用软件来美化数码照片;

➔ 如何使用滤镜改变照片的外观;

➔ 如何手动更改以控制照片的外观和形状。

中文界面图

要在Windows Photos应用程序中编辑照片，请选择Edit（编辑）功能。

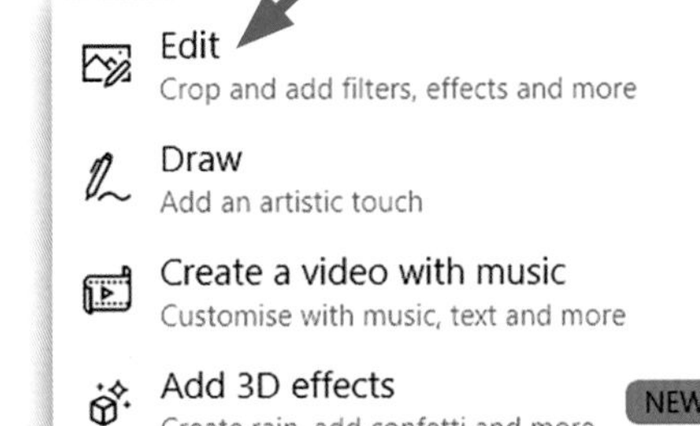

图片编辑软件

有时候，数码照片并不完美。你可以使用图片编辑软件来改善曝光、颜色和构图。图片编辑软件可用于计算机和其他设备，如智能手机和平板计算机。

使用滤镜

滤镜是一种修改照片的快速、便捷的方法。许多图片编辑应用程序都有滤镜。

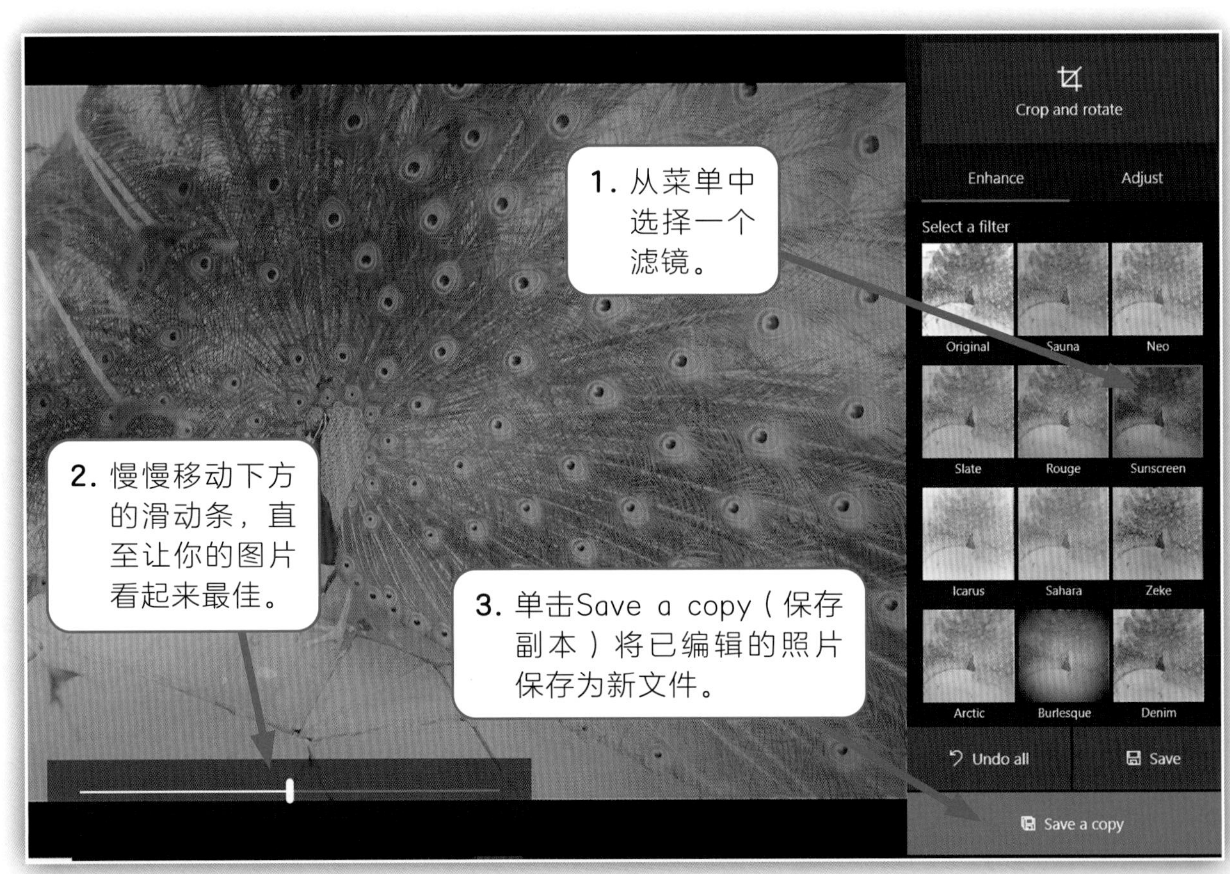

手动修改照片

手动编辑照片时，要始终遵循正确的顺序。这称为**工作流**。

在Photos应用程序中，Adjust（调整）菜单是按正确顺序排列的。

1.**曝光**：始终从Light（灯光）设置开始。这会改变照片的曝光度。如果照片太暗或太亮，可以缓慢移动Light滑动条来调整曝光。

2.**颜色**：接下来使用Color（颜色）滑动条。向左移动滑块，以降低照片的饱和度，直到它变成**单色**。单色照片只使用一种颜色的色调，例如灰色调。向右移动滑块，使颜色更浓更亮。

3.**构图**：最后，你可以裁剪照片来改善构图。

- 拖动控制柄以调整方框的大小。这将是所编辑照片的边框。
- 在框内单击以在新框内移动图像。
- 单击Done（完成）以裁剪掉照片中边框外的部分。

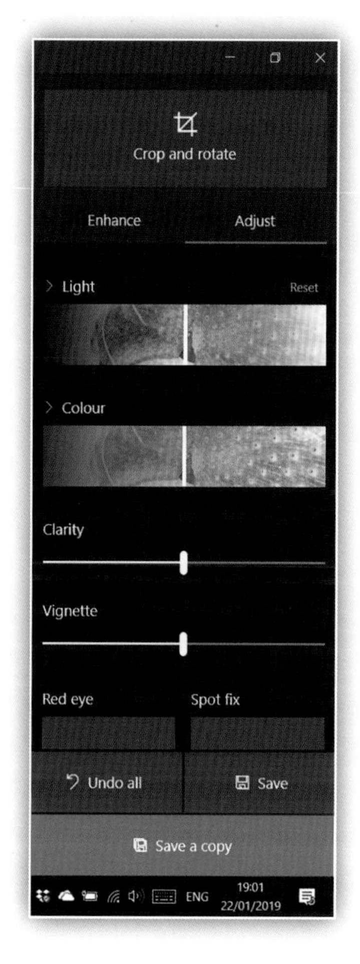

决定对照片进行哪些编辑。使用你的故事板和书面指示来帮助你做决定。

使用曝光和颜色设置来改善你的照片。使用裁剪工具来突出每个图像中的主要对象。

保存你已经编辑的照片。

额外挑战

摸索Adjust（调整）菜单中的其他功能。你能通过使用Clarity（清晰）、Vignette（渐晕）、Rotate（旋转）功能来改善你的照片吗？尝试每个功能并描述它的作用。

使用滤镜有什么好处？手动修改照片有什么好处？

5.5 修饰照片

本课中

你将学习：

➔ 如何在照片编辑软件中使用定点修复和克隆工具。

中文界面图

什么是修饰？

照片编辑软件是提供了修改照片功能的强大工具。你可以从照片上删除一些东西，也可以添加一些东西。做出这样的修改叫作**修饰**。

使用定点笔刷编辑小区域

Spot fix（定点修复）工具可以去除照片上的小印记。Spot fix工具对需要**修饰**的区域周围的像素进行采样，然后复制光标周围的区域，并根据这些信息在要修饰的区域上绘制。

1. 放大要修复的区域。单击Spot fix按钮。

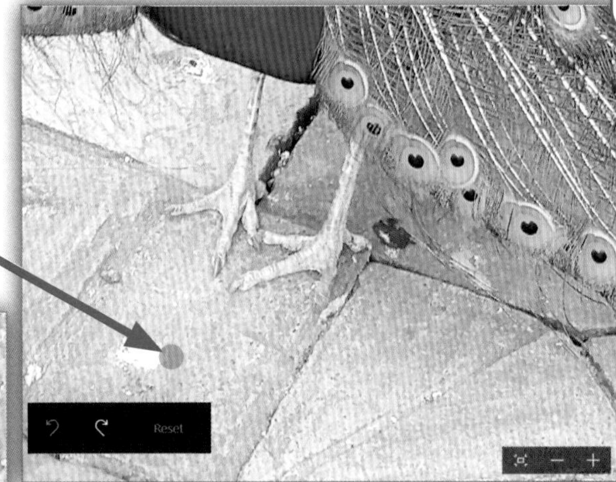

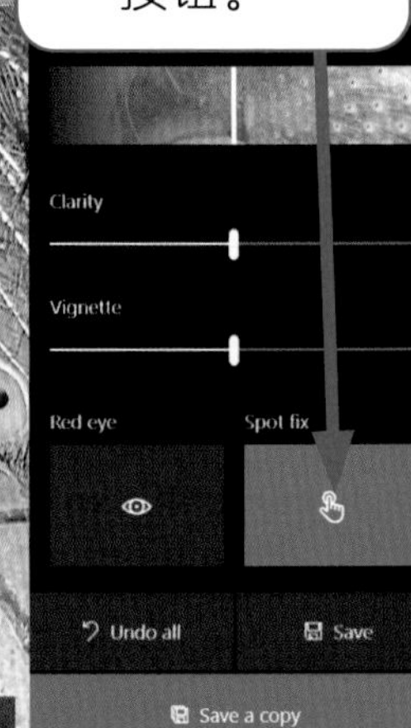

2. 将光标移动到要修复的区域并单击。移动光标并再次单击，直到该区域被完全修复为止。

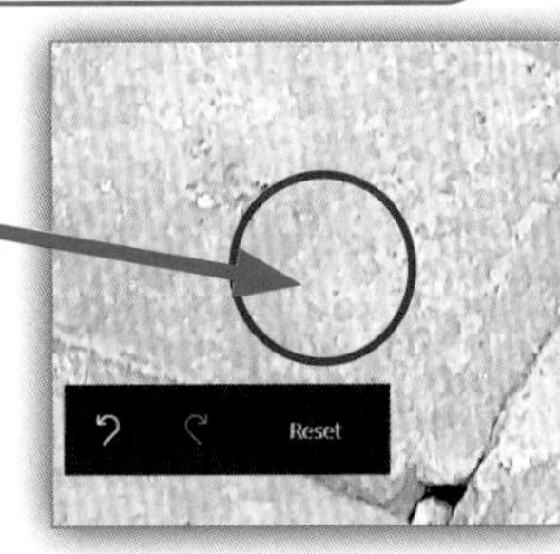

地板上的白色痕迹已被清除。

使用克隆工具进行更大的修改

一些照片编辑软件提供了克隆工具。克隆工具使用图像的一部分像素在另一部分像素上绘制。可以使用克隆来删除照片中的整个对象。

此示例使用GIMP应用程序中的Clone Stamp工具。这里展示了如何删除这张照片中锅边的叶子。

1.放大要修复的区域。选择Clone Stamp（克隆标记）工具。

2.从右侧菜单中选择画笔大小，以适合要修复的区域。

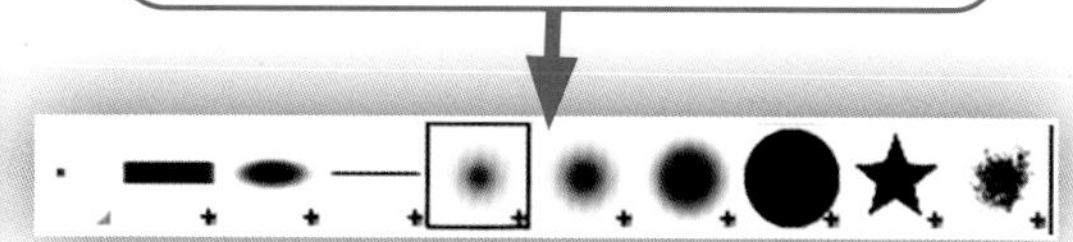

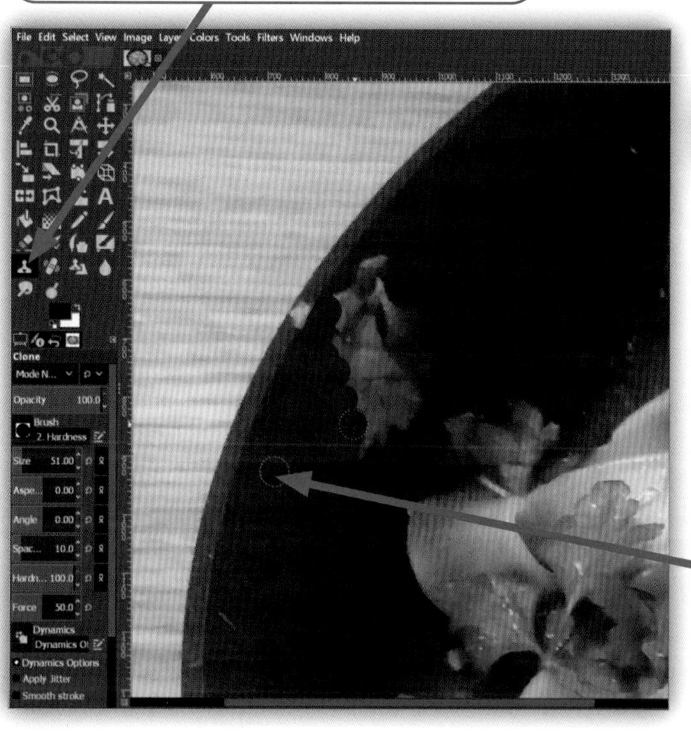

3. 将光标移到照片中要采样的部分。按住Ctrl键并单击。将光标移动到要修复的区域。单击并拖动鼠标，用采样像素在该区域绘制。

活动

查看你在本单元里拍摄的照片，找到需要修饰的地方。

决定使用什么照片编辑工具来修饰你的照片。

使用你选择的工具来修饰照片。

保存照片。

额外挑战

将你修饰好的照片与原图进行比较。写下你进行修改的步骤。这些修改使照片变好了还是变差了？解释其原因。

未来的数字公民

许多年前，人们说："相机从不说谎。"

今天，照片很容易修改，照片中的对象看起来更美观。你可以用滤镜使照片更亮。你可以裁剪照片以删除内容。你可以用克隆技术让对象消失。

当你看到杂志和广告上的照片时，问问你自己："这张照片有没有修改过？"

在杂志或广告上找一张照片。这张照片是怎么被改变的？

5.6 将照片添加到文件

本课中

你将学习：

➔ 如何将照片添加到文本文档中；

➔ 如何安排照片使它们能与文字适配。

中文界面图

如何把照片和文字放在一起

使用Wrap Text（环绕文字）菜单改变文字在照片周围的排列方式。

你还可以移动、旋转照片，调整照片的大小。

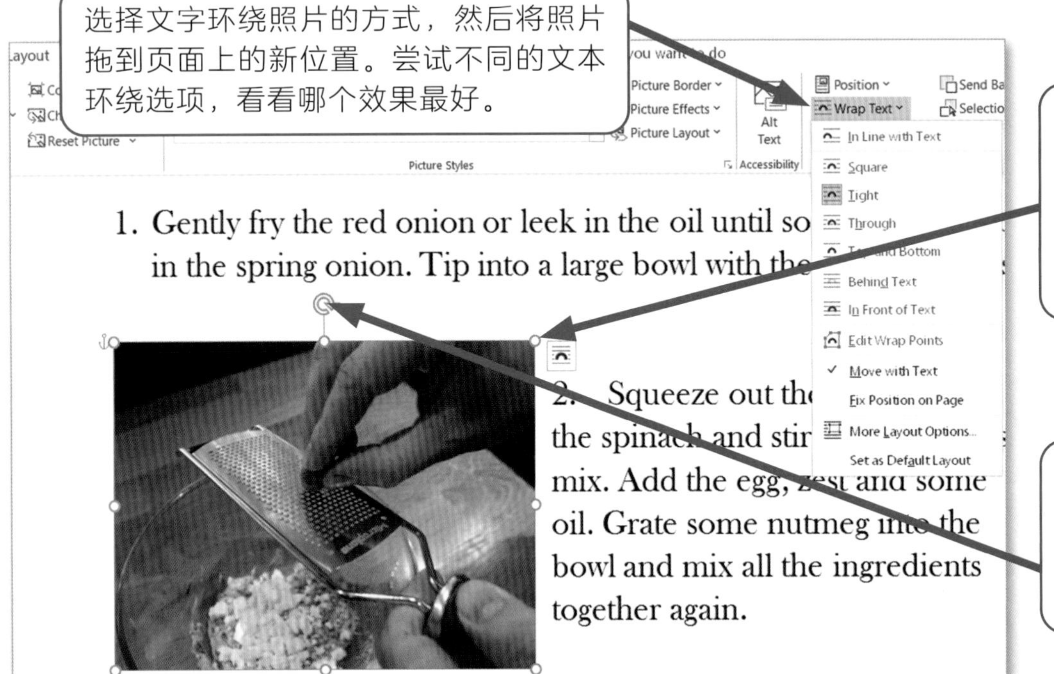

如何将多张照片组合在一起

拼贴画

你可以重叠多张照片来做一个有趣的拼贴画。拼贴画对于制作封面插图很有用。使用Picture Tools（图片工具）功能区的Arrange（排列）功能。

使用鼠标排列照片，使其重叠。你可以单击一张照片并使用Bring Forward（置于前景）和Send Backward（置于后景）按钮来改变哪张照片在前面。你现在有一堆照片了。

照片分组

选择堆中的所有照片：按住Shift键逐个单击照片，然后单击Group（组）按钮，使一堆照片成为单个图像。

使用这些按钮可以更改图像的顺序。

这张照片在其他照片的后面。

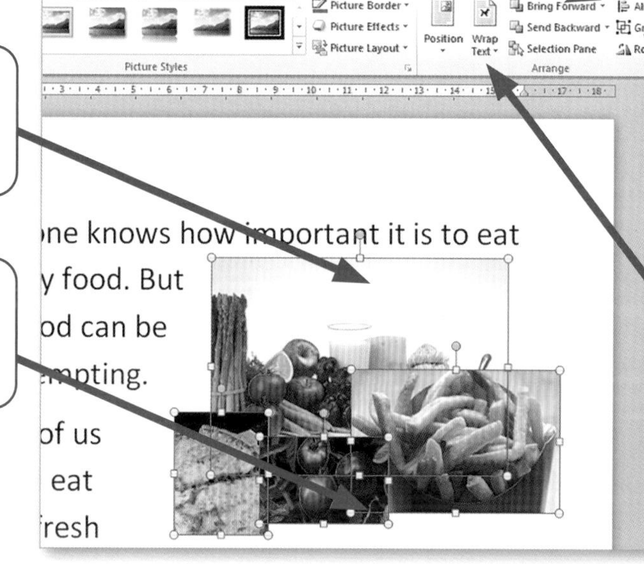

使用Group按钮，将所有选定的照片组合成一张图像。

这张照片在其他照片的前面。

从Wrap Text菜单中选择一个选项。

活动

在Microsoft Word中打开你的菜谱文件。

添加菜谱的文本。

插入一些照片，用来演示你的食谱。

移动并调整照片大小，为你的食谱创建一页文档。

额外挑战

为你的食谱做一个封面。使用你的多张食谱图像，并创建一个拼贴画。在页面顶部添加菜谱的名称。

创造力

使用Picture Styles（图片样式）菜单更改照片的外观。如果使用的是图像组，取消图像组合，并分别更改每张照片，然后再把它们组合。

在Picture Tools功能区的Adjust（调整）菜单中探索更多功能。试试Color（颜色）和Artistic Effects（艺术效果）菜单。

当你把文本和图片放在一个页面上时，你需要考虑哪些因素？文字和图片怎样结合能使效果更好？

测一测

你已经学习了：

➔ 如何为项目计划拍照；
➔ 如何用数码相机拍出好照片；
➔ 如何使用计算机改善照片；
➔ 如何在文档中组合照片，以创建与文本适配的插图。

测试

你要为以下一个活动规划摄影：

- 做一杯咖啡；
- 去看电影；
- 向月球发射火箭。

❶ 为你要拍的照片画个草图。

❷ 在你的故事板上最多画6张图片。

❸ 为故事板中的每幅图片写一个标题。它解释了照片将会展示什么，为什么你会选择它。

活动

在本单元中你创建了一系列数码照片。下面你要展示并讨论你的一张照片。

1.选择一张你创建的照片，把这张照片放进文件里。添加一个注释，说明照片显示的内容。

2.说明你编辑或修改照片的一种方式。如果可能的话，展示你修改之前和修改之后的照片。

3.解释你为什么做了修改。你是如何在作品中使用这个图片的?

自我评估

- 我回答了测试题1。
- 我完成了活动1。我把一张照片放进文件里。
- 我回答了测试题1和测试题2。
- 我完成了活动1和活动2。我解释了我是怎么修改照片的。
- 我回答了所有的测试题。
- 我完成了所有的活动。

重读本单元中你不确定的部分。再次尝试测试题和活动，这次你能做得更多吗?

数字和数据：我的比萨小吃店

你将学习：

- ➔ 如何使用电子表格存储文本和数值；
- ➔ 如何使用电子表格公式计算结果；
- ➔ 如何使用电子表格帮助管理业务；
- ➔ 如何探究数值更改的影响。

电子表格是一种软件应用程序，用于处理数字。

企业使用电子表格来管理账户。电子表格可以存储有关企业收入的信息——这是企业收到的钱。电子表格还可以存储有关企业成本的信息——这是企业花费的钱。企业需要了解其成本和收入才能盈利。

在本单元中，你将使用电子表格来记录一个小吃店的成本和收入，这个小吃店卖比萨饼和甜点。

学习成果：使用电子表格回答问题，找出数字变化时会发生什么。

课堂活动

格式　公式
利润　右击
数学模型
收入　成本

在一个小组里讨论你对经商的想法。你做生意会卖什么？想想你的成本和收入。以下是一些想法：

咖啡馆：你会做什么样的食品？选择你喜欢的食品。

- 做这个食品要多少钱？
- 你的食品有几份？
- 每一份卖多少钱？

首饰：你会做什么首饰？想想手镯或项链的设计。

- 这些材料要多少钱？
- 做这些首饰需要多长时间？
- 这些首饰你卖多少钱？

你知道吗？

大型企业中使用的电子表格可能非常庞大和复杂。这意味着电子表格有时会有错误。

一家名叫Fidelity Magellan的公司，曾经有过一个电子表格的大错误。一名会计忘记在电子表格公式中加负号。电子表格显示的不是13亿美元的亏损，而是盈利。直到公司的利润比电子表格预测的少26亿美元时，才有人注意到这个错误。你必须谨慎使用电子表格并检查自己的工作是否有错误。

谈一谈

你还有什么其他的商业想法？谈谈你需要为记录这项业务数据的成本。

6.1 记录成本

本课中

你将学习：

- ➔ 如何在电子表格中输入值；
- ➔ 如何将值格式化为货币。

螺旋回顾

在第4册中，你学习了如何使用电子表格函数和公式。在本单元中，你将学习如何使用公式计算的结果来帮助企业做出一些关于产品的决策。

值和标签

想象一下，你拥有一家比萨小吃店。小吃店向顾客出售比萨饼和甜点。在本课中，你将使用电子表格来计算比萨小吃店的成本和收入。

电子表格包含两种类型的数据：

- **值**：这些是数字。数值用于计算。
- **标签**：这些是文本。标签用于显示值的含义，因此电子表格更易于理解。

电子表格被分成单元格。在这个电子表格中，C4单元格被选中。

看看电子表格“我的比萨小吃店”。第一张工作表列出了一份名为“那不勒斯比萨”的食谱原材料。它只有标签。在本课中，你将输入食材的成本。

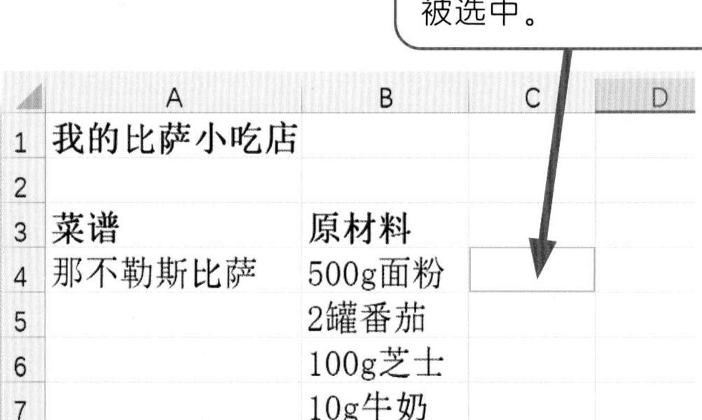

	A	B	C	D
1	我的比萨小吃店			
2				
3	菜谱	原材料		
4	那不勒斯比萨	500g面粉		
5		2罐番茄		
6		100g芝士		
7		10g牛奶		
8		10g食盐		
9		5g酵母		

如何将数据输入电子表格

用指针单击单元格，以将其选中。

键入要输入的数据，然后按Enter键将数据添加到单元格。

现在，电子表格包括标签和值。它们以不同的方式表现出来。

- 标签是**左对齐**的，它们位于单元格的左侧。
- 值是**右对齐**的，它们位于单元格的右侧。

	A	B	C	D
1	我的比萨小吃店			
2				
3	菜谱	原材料		
4	那不勒斯比萨	500g面粉	0.75	
5		2罐番茄	1.2	
6		100g芝士	1	
7		10g牛奶	0.05	
8		10g食盐	0.01	
9		5g酵母	0.1	
10				

你也可以更改值的**格式**。格式就是某种事物的风格或组织方式。在电子表格中，使用“数字格式”来选择值的显示方式。有很多不同的数字格式，如十进制数、日期和时间、百分比、货币等。

货币格式将值显示为货币量。在本课中，你将把原材料的成本值更改为货币值。

将单元格更改为货币格式

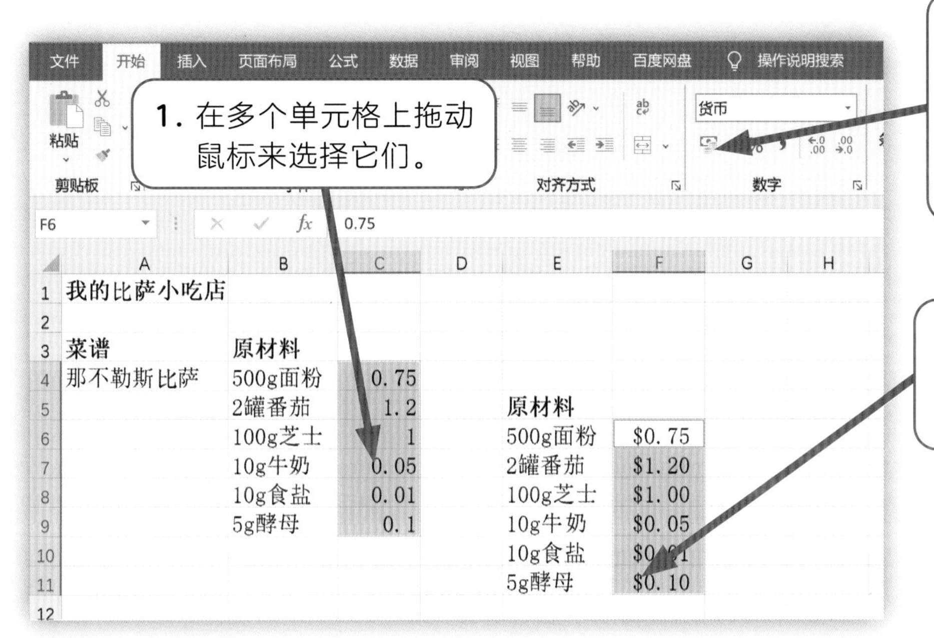

2.单击此按钮可选择货币格式。
此电子表格使用美元，但你也可以选择其他货币。

3.将所选单元格的格式变为货币。

活动

打开电子表格“我的比萨小吃店”。

在“那不勒斯比萨”工作表中，输入本课中显示的数值。

将值的格式转换为货币。

保存你的文件。

额外挑战

你的电子表格只显示你的食谱的原料成本。一个真正的小吃店还有很多其他的费用。写下你能想到的其他费用。

为了盈利，企业必须保持低成本和高收入。

- 企业如何努力保持低成本？
- 企业如何努力保持高收入？
- 思考一下你身边一些成功的企业。你认为企业成功的秘诀是什么？

6.2 计算成本

本课中

你将学习：

➔ 如何使用自动求和功能将一列值相加；

➔ 如何使用公式来计算结果。

计算一张比萨饼的成本

你将使用电子表格的两个功能计算出一份那不勒斯比萨的成本：

- AutoSum（自动求和）：将食谱的总成本相加。
- 一个除法公式：通过将食谱的总成本除以份数来计算一份的成本。

使用自动求和

求和是一个数学术语，意思是“将一组数字相加”。在电子表格中，自动求和将一组值相加。自动求和按钮如右图所示。

∑ AutoSum

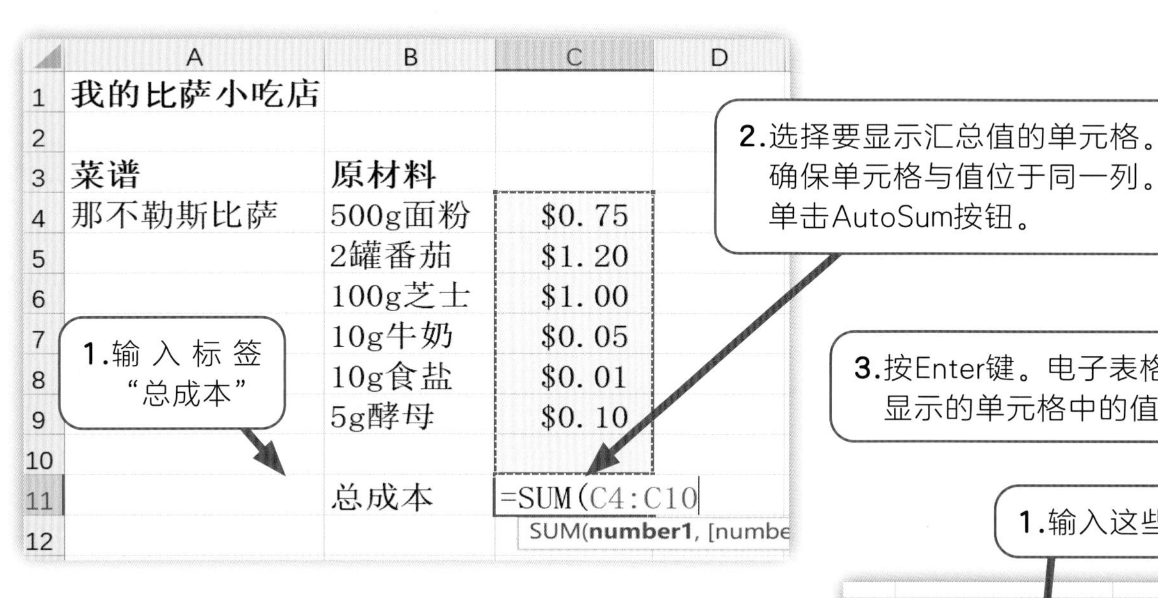

计算一份比萨饼的成本

在这个例子中，一张比萨饼可以分成8份。如果你需要的份数更多或更少，可以输入不同的数字。

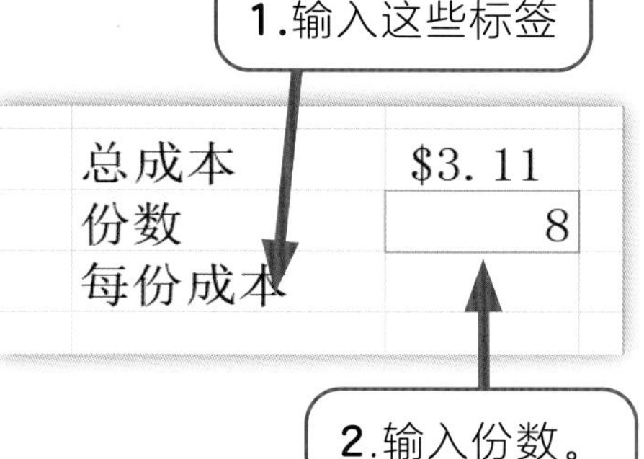

现在你将输入一个**公式**。公式是告诉电子表格应用程序进行计算的指令。每个公式都以等号开头。

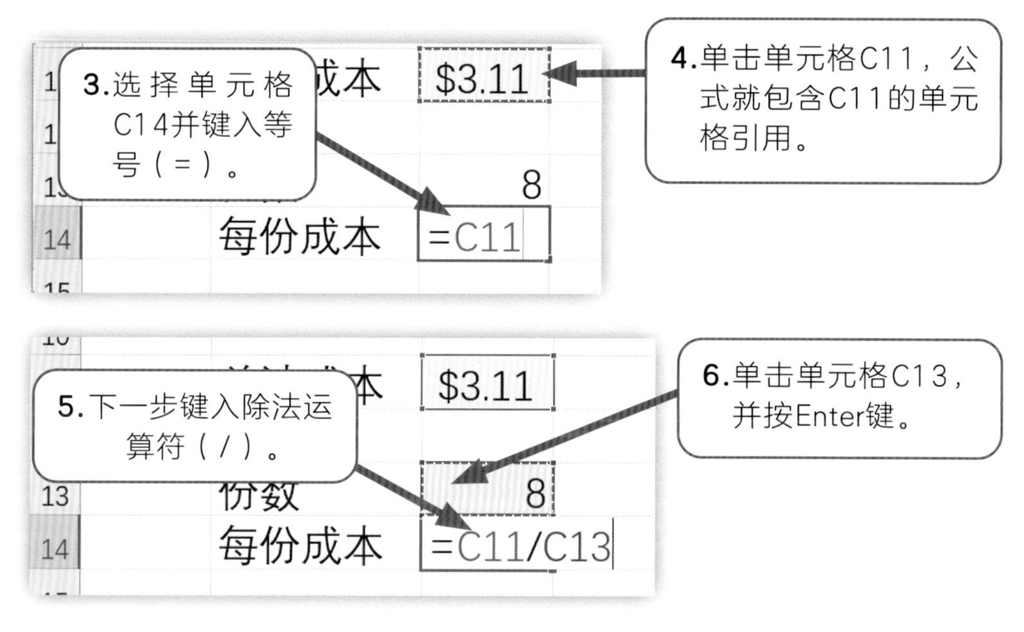

完成的公式为=C11/C13。

公式的意思是“单元格C11中的值除以单元格C13中的值”。

在公式中使用**单元格引用**而不是数字。单元格引用告诉电子表格从单元格中获取值。如果改变单元格中的值，公式的结果也会改变。

活动

使用本课中展示的电子表格函数来计算制作一份那不勒斯比萨的成本。

保存你的文件。

你已经学习了改变电子表格中的值将会改变计算结果。在你的电子表格中还能看到别的值吗？如果你改变这些数值，将会发生什么？

额外挑战

单元格C13中的数字表示份数。如果改变这个数字，每份的成本也会改变。

请尝试在此单元格中输入不同的值。如果用你的食谱多做几份，每份的成本会怎样？

6.3 计算利润

本课中

你将学习：

- ➔ 生成电子表格公式的多种方法；
- ➔ 怎样使用电子表格计算商业利润。

什么是利润?

利润是企业向顾客销售产品所赚的钱。利润=收入－成本。

在本课中，你将计算销售一份比萨饼的利润。首先决定一份比萨饼的售价。要想盈利，售价必须高于原料成本。在本例中，价格为1.00美元。你可以选择任何一个你喜欢的数值。

准备电子表格结构

在电子表格中输入更多标签，如下图所示。

13		份数	8
14		每份成本	$0.39
15		售价	$1.00

输入每份的售价。将数值格式化为货币。

输入电子表格公式以计算利润

选择单元格C17。每份的利润将显示在此单元格中。现在输入公式。

1.键入等号。

2.选择一份售价的单元格。检查单元格引用是否出现在单元格C17的公式中。

3.键入减号。

4.选择包含每份成本的单元格。检查单元格引用是否出现在单元格C17中。

5.按Enter键。

也可以查看此框，以检查公式是否使用了正确的单元格引用。

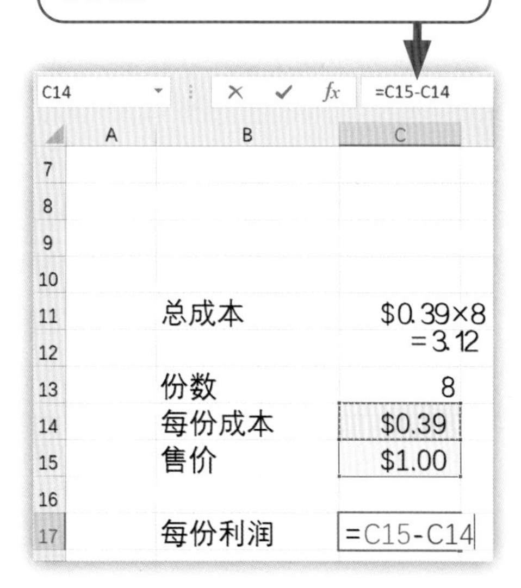

活动

1.计算每份那不勒斯比萨的利润。使用本课中显示的电子表格结构和公式。

2.你的比萨小吃店也卖一种名叫提拉米苏蛋糕的甜点。提拉米苏是一种著名的意大利甜点。

19		
	那不勒斯比萨	提拉米苏蛋糕

单击此标签打开活动2的工作表。

使用本单元所学的所有技能来计算每份提拉米苏蛋糕的利润。完成以下步骤：

- 使用自动求和计算原料的总成本。
- 输入每个提拉米苏蛋糕食谱的份数。
- 计算一份的成本。
- 输入一份的售价。
- 输入计算每份利润的公式。

提示： 请回顾你在6.2课中所做的工作，以获取有关此活动的帮助。

3	食谱	原材料	
4	提拉米苏	1000ml 奶油	$2.50
5		500g 奶酪	$5.00
6		150g 糖	$0.50
7		600ml 咖啡	$1.25
8		400g 饼干	$1.00
9		50g 巧克力	$0.75
10			
11		总成本	$11.04
12			
13		份数	12
14		每份成本	$0.92
15		售价	$1.50
16			
17		每份利润	$0.58

额外挑战

请记住，如果改变值，公式的结果也会改变。尝试不同的值：

- 份数；
- 销售价格。

继续尝试直到你的比萨饼和蛋糕能够盈利。

你的比萨小吃店现在卖比萨饼和甜点。它还能卖什么产品？这些产品的原材料是什么？写下你的想法。

6.4 创建汇总表

本课中

你将学习：

- 如何创建带有标签和值的新工作表；
- 如何创建使用来自多个工作表的值的公式；
- 如何计算业务的汇总数据。

在本课中，你将在电子表格文件“我的比萨小吃店”中创建一个新工作表。该工作表将汇总“那不勒斯比萨”和“提拉米苏蛋糕”工作表中的信息。

创建新工作表

在电子表格应用程序窗口的底部，单击加号（+）来创建新的工作表。将新工作表的名称更改为“我的利润”。

“我的利润”工作表将显示有关这两种产品的信息。

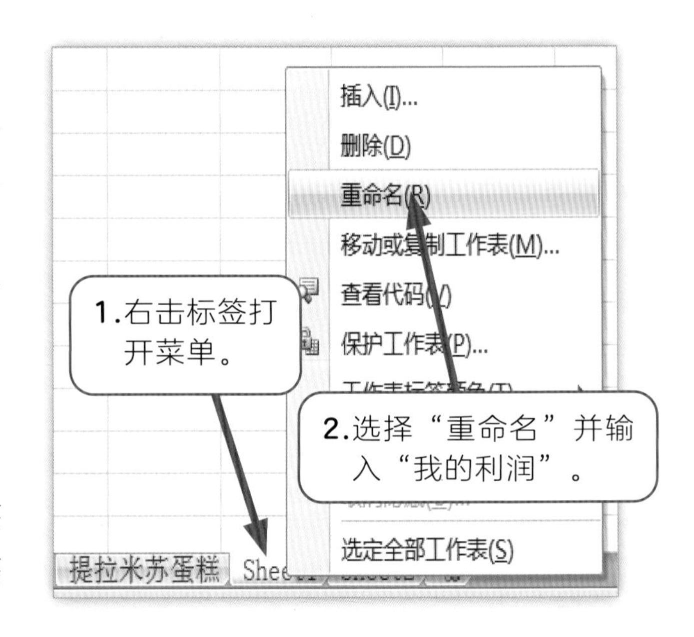

更改列的宽度

以下是工作表的建议布局。有些标签对于列宽来说太长了。当你输入这些标签时，它们也将覆盖右侧的单元格。

可以将列加宽，以适应标签。

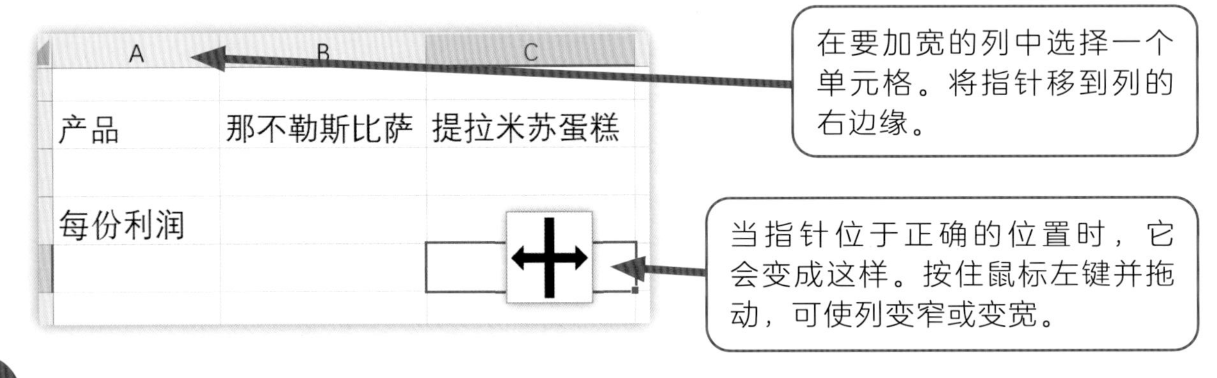

插入指向其他工作表的单元格引用

新的工作表将显示每种产品每份的利润。它将从其他两个工作表中获取此信息。为了链接信息，请插入单元格引用。

在本例中，你将插入一个链接到那不勒斯比萨的每份利润的单元格引用。

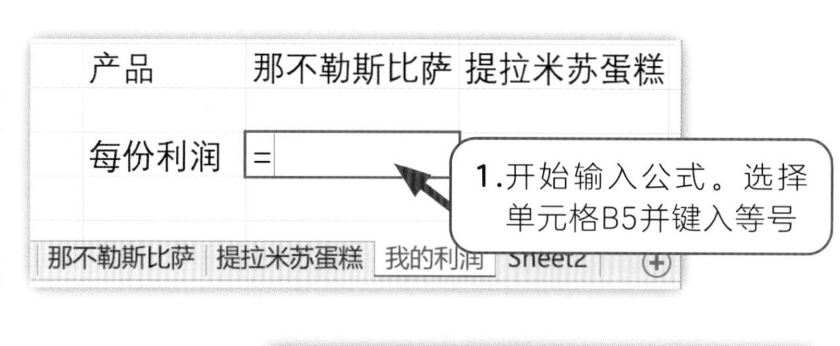

1.开始输入公式。选择单元格B5并键入等号

份数	8
每份成本	$0.39
售价	$1.00
每份利润	$0.61

那不勒斯比萨 | 提拉米苏蛋糕 | 我的利润

2.单击“那不勒斯比萨”工作表的标签。

3.单击显示每份利润的单元格。

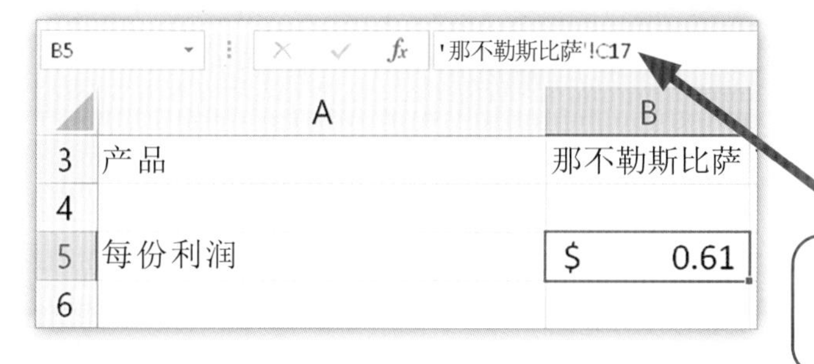

4.单元格引用包括了工作表的名称。

活动

创建一个名为“我的利润”的新工作表。

添加本课程中显示的标签。

更改列宽来适应标签。

插入单元格引用以显示以下各项的“每份利润”：

- 那不勒斯比萨
- 提拉米苏蛋糕

保存你的文件。

额外挑战

改变“那不勒斯比萨”和“提拉米苏蛋糕”工作表中的值。注意“我的利润”工作表上的结果是如何变化的。

汇总工作表组合了其他几个工作表中的值。为什么包含汇总工作表是个好主意?

6.5 独立工作

本课中

你将学习：

➔ 怎样使用你的电子表格技能独立工作。

添加一些有用的功能

在6.4课中，你创建了汇总工作表。在本课中，你将使用本单元所学的技能给汇总表格添加一些新特性。以下特性将使电子表格对你的业务更加有用。

- 显示那不勒斯比萨和提拉米苏蛋糕的销售量。
- 显示每种产品的总利润，即每份利润乘以销售量。
- 显示你业务的总利润，即将所有产品的利润相加。

你所完成的汇总工作表类似下图。

1	**我的比萨小吃店利润**		
2			
3	**产品**	那不勒斯比萨	提拉米苏蛋糕
4			
5	每份利润	$0.61	$0.58
6	销售份数	30	25
7			
8	每种产品的利润	$18.3	$14.5
9			
10	总利润	$32.8	

你会在这节课找到一些有用的提示。

如何格式化值

创建一个标签为“销售份数”的行。在此行中输入的值是你的销售量。销售量是你销售的每种产品的数量。

在上面的例子中，比萨小吃店已经卖出了30份那不勒斯比萨和25份提拉米苏蛋糕。但是你可以输入任何你喜欢的数字。

如果你的数字以货币的格式出现，不用担心。更改格式很容易。使用“数字格式”菜单，选择“常规”格式。

如何输入公式

你需要输入两个新公式。这些例子展示了你需要的公式。

每种产品的利润：要计算每种产品的利润，请将每份的利润乘以销售的份数。乘法的运算符是*。

3	**产品**	那不勒斯比萨
4		
5	每份利润	$0.61
6	销售份数	30
7		
8	每种产品的利润	=B6*B5

总利润：要计算总利润，请将工作表中两种产品的利润相加。

8	每种产品的利润	$18.30	$14.50
9			
10	总利润	=B8+C8	

活动

创建本课所示的“我的利润”工作表。使用你所学的技能和本课中的提示。

额外挑战

目前，你的比萨小吃店出售两种产品：那不勒斯比萨和提拉米苏蛋糕。将另一个食谱添加到电子表格中。

- 为你的新食谱做一个工作表。
- 加上原材料表、原材料成本和每份的售价。
- 计算每份的利润。
- 将新产品添加到“我的利润”工作表。

探索更多

你的电子表格显示了制造产品的成本。生产产品所需的资金称为预算。与你的家人和朋友谈谈，看看他们是在家还是在工作中会使用预算。

6.6 使用电子表格模型

本课中

你将学习：

➔ 如何修改电子表格中的值；

➔ 如何使用电子表格模型来探索如何做选择和决策。

探索变化的影响

你制作的电子表格使用公式计算结果。电子表格是你的数字化业务模型。你可以使用该模型来探索业务变化的影响。

如何使用电子表格模型

如果改变电子表格中的值，计算结果将随之改变。在这个例子中，一个学生对那不勒斯比萨工作表进行了修改。

然后学生查看“我的利润”工作表，值已经发生了改变。

	A	B	C
1	我的比萨小吃店		
2			
3	食谱	原材料	
4	那不勒斯比萨	500g面粉	$0.75
5		2罐番茄	$1.20
6		100g芝士	$1.00
7		10g牛奶	$0.05
8		10g食盐	$0.01
9		5g酵母	$0.10
		总计成本	$3.11
		份数	8
		每份成本	$0.39
15		售价	$1.50
16			
17		每份利润	$1.11

这位学生把那不勒斯比萨饼的售价从1美元改为1.5美元。

每份利润自动增加到1.11美元。

	A	B	C
1	我的比萨小吃店		
2			
3	产品	那不勒斯比萨	提拉米苏蛋糕
4			
5	每份利润	$1.11	$0.58
6	销售份数	30	25
7			
8	每种产品的利润	$33.30	$14.50
9			
10	总利润	$47.80	
11			

利润总额已增加到47.80美元。

利润增加了。但价格的上涨可能会减少那不勒斯比萨的销量。学生可以使用电子表格模型来探索这种变化的影响。右图是一个例子。

	A	B	C
3	产品	那不勒斯比萨	提拉米苏蛋糕
4			
5	每份利润	$1.11	$0.58
6	销售份数	22	25
7			
8	每种产品的利润	$24.42	$14.50
9			
10	总利润	$38.92	

活动

1.改变电子表格中的值，以探索这些改变的结果：

- 把那不勒斯比萨的售价提高到每份1.5美元。
- 把那不勒斯比萨的销售量减少到16份。
- 在提拉米苏蛋糕食谱中，将1000毫升奶油的成本降低到1美元。
- 把提拉米苏蛋糕的销售量增加到100份。

2.你的生意伙伴想增加那不勒斯比萨的利润。他们要求你尝试两种选择：

a. 把份数从8份增加到12份。

b. 把一份的售价从1.50美元提高到2.00美元。

用你的模型找出哪一种选择能带来更多的利润。

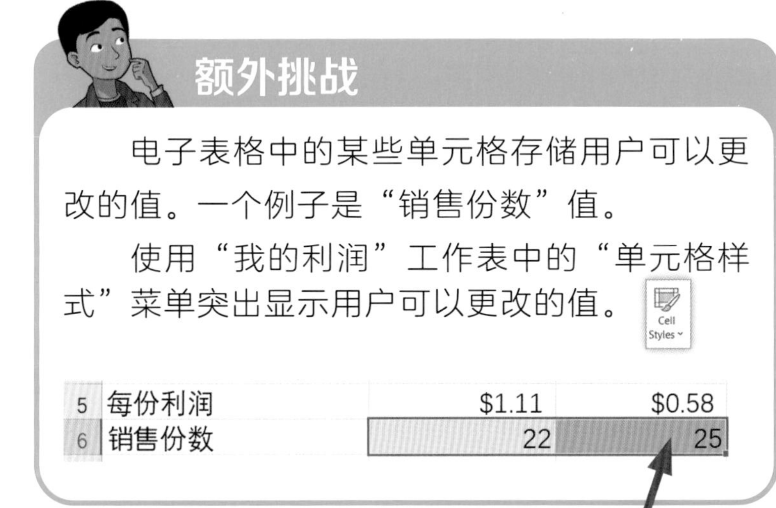

额外挑战

电子表格中的某些单元格存储用户可以更改的值。一个例子是“销售份数”值。

使用“我的利润”工作表中的“单元格样式”菜单突出显示用户可以更改的值。

5	每份利润	$1.11	$0.58
6	销售份数	22	25

这些单元格已用颜色填充突出显示了。

再想一想

许多企业决定一个“加价（mark-up）”值来计算他们的销售价格。在小吃店里，加价可能是300%。这意味着售价是原料成本的三倍。你能用你的电子表格计算提拉米苏蛋糕300%的加价吗？

测一测

你已经学习了：

- 如何使用电子表格存储文本和数值；
- 如何使用电子表格公式计算结果；
- 如何使用电子表格帮助管理业务；
- 如何探索值变化的影响。

测试

1. 如何将值更改为货币格式？
2. 创建公式时，第一个输入的是什么？
3. 创建公式时，如何插入单元格引用？
4. 如何更改电子表格列的宽度？
5. 写出此单元格引用的含义：

   ='我的利润'!C8

6. 如何使用电子表格来探索业务变化的影响？

1.一群学生组织了一次蛋糕义卖，为慈善事业捐款。他们做蛋糕卖给学生、老师和家长。

学生们用这个电子表格记录他们赚的钱。

	A	B	C
3	蛋糕	售价	销售数量
4	杯子蛋糕	$0.50	36
5	水果蛋糕	$3.50	6
6	海绵蛋糕	$4.50	9
7	樱桃蛋糕	$3.00	7
8	巧克力蛋糕	$5.00	15

a. 在电子表格应用程序中创建电子表格。

b. 添加公式，用来计算每种蛋糕的收入。

c. 加上一个公式，用来计算所有蛋糕的总收入。

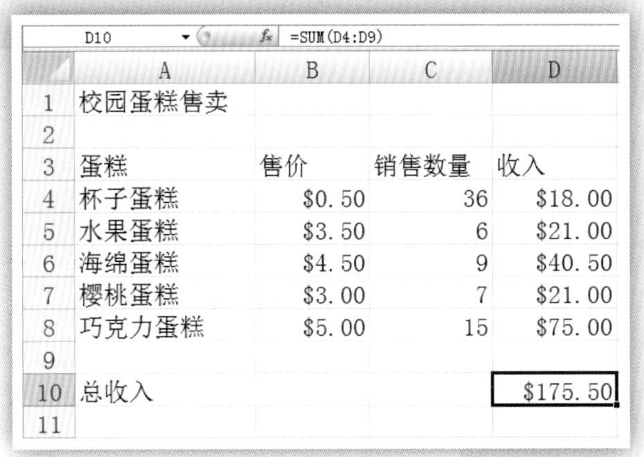

D10 =SUM(D4:D9)

	A	B	C	D
1	校园蛋糕售卖			
2				
3	蛋糕	售价	销售数量	收入
4	杯子蛋糕	$0.50	36	$18.00
5	水果蛋糕	$3.50	6	$21.00
6	海绵蛋糕	$4.50	9	$40.50
7	樱桃蛋糕	$3.00	7	$21.00
8	巧克力蛋糕	$5.00	15	$75.00
9				
10	总收入			$175.50
11				

2.学生想用电子表格计算他们为慈善事业赚了多少钱。他们增加了一个单独的工作表来记录成本。

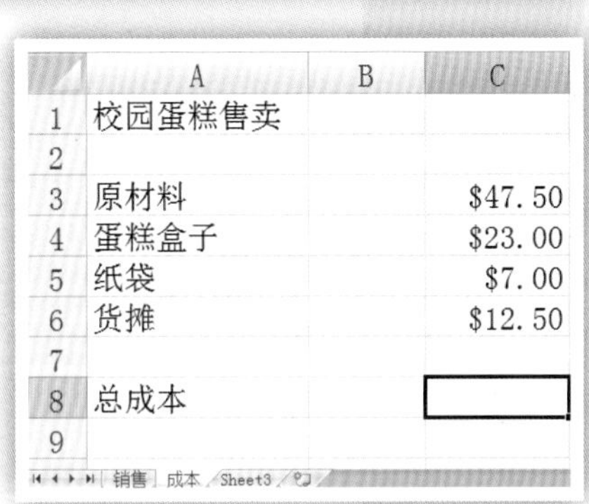

	A	B	C
1	校园蛋糕售卖		
2			
3	原材料		$47.50
4	蛋糕盒子		$23.00
5	纸袋		$7.00
6	货摊		$12.50
7			
8	总成本		
9			

销售 成本 Sheet3

a.将此工作表添加到电子表格中。

b.输入标签和值。

c.输入计算总成本的公式。

d.在“销售”工作表中创建标签“总利润”。

e.在“销售”工作表中，输入计算总利润的公式：总收入-总成本。

自我评估

- 我回答了测试题1和测试题2。
- 我开始了活动1。我创建了一个带有标签和值的电子表格。我在电子表格中添加了一些公式。
- 我回答了测试题1～测试题4。
- 我完成了活动1。
- 我回答了所有的测试题。
- 我完成了这两项活动。

重读本单元中你不确定的部分。再次尝试测试题和活动，这次你能做得更多吗？

词汇表

版权（copyright）：创作文本、图像、音乐或任何其他内容的作者的合法权利。版权未经许可，禁止他人使用。

边框（frame）：图像的外边缘。

变量（variable）：一个存储的数据值，可以随着程序的运行而改变。变量有名称。如果在程序中使用变量名，计算机将使用该变量中存储的值。

裁剪（crop）：在编辑图像时剪切掉图像的一部分。

采样（sample）：记录数字信息。在照片编辑中，克隆工具对像素进行采样。在修饰时，这些像素可以复制到图像的另一部分。

程序设计（program plan）：解决程序所需的步骤。程序员在开始工作前完成设计。程序设计通常列出程序的输入、处理和输出。

重复直到循环（repeat until loop）：一种条件循环结构。在循环结构的顶部有一个测试。直到逻辑测试为True，否则循环结构中的命令将重复执行。

单色（monochrome）：只有一种颜色的不同色调。黑白照片是单色图像。

登录（login）：用户为获取网络访问而输入的详细信息。登录通常由用户名和密码组成。

“答案”积木块（answer block）：Scratch中的一个积木块，存储用户在Scratch程序中回答问题时输入的最新答案。

电缆（cable）：在局域网（LAN）中用来连接网络设备的一种长导线。电缆可以是铜或光纤。

度（degree）：测量角度大小的单位。直角是90°。要反转方向的话，请转动180°。

服务器（server）：在网络中使用的、功能强大的计算机。网络中的每台服务器都执行特定的任务。例如电子邮件服务器、打印服务器和文件服务器。

服务器机房（server room）：存放服务器和其他网络设备的房间。服务器机房是安全上锁的，通常会装有空调来使服务器保持冷却状态。

go to积木块（go to block）：一个块，它有输入两个数字的空格，一个是x坐标，另一个是y坐标。你可以在这两个空格中输入任意数字。然后把这个积木块放进程序里，它就会让角色到达那个坐标位置。

感光度（ISO）：数码相机上的一种设置，用来控制设备对光线的敏感程度。高感光度设置能用较少的光线拍摄照片，但是图像的质量可能比较低。

格式（format）：事物风格或组织方式。在电子表格中，可以使用不同的数字格式来表示值，例如“数值（Number）”“货币（Currency）”“百分比（Percentage）”。

工作流（workflow）：为了完成一项任务而需要遵循的步骤。

公式（formula）：用于计算的一组指令。电子表格公式使用数字、单元格引用和数学运算符计算值。公式是电子表格的一个重要功能。允许对值进行修改，以便你可以看到对值的修改如何影响计算结果。

构图（composition）：照片或图画中的图像各部分的排列，组成构图的部分包括前景、主题和背景。

故事板（storyboard）：一种用图片来讲述故事的方法。

关键词（key word）：你在搜索引擎中输入的词。搜索引擎将找到包含此关键词的网页。

广域网（wide area network，WAN）：将计算机和局域网远距离连接在一起的网络。

互联网（Internet）：连接全世界各地计算机的广域网。

集线器（hub）：一种交换机。

计次循环（或固定循环）（counter loop（或fixed loop））：由计数器控制的循环。在循环结构的顶部设置重复次数。当循环次数达到该数时，循环停止。

交换机（switch）：用来连接网络电缆的设备。交换机决定需要通过哪条电缆将信息发送到正确的目的地。

局域网（local area network，LAN）：连接单个建筑物或建筑物群中计算机的网络。

快门速度（shutter speed）：相机快门打开的时间长度，允许光线照射传感器。快门速度是控制曝光的重要方式。

利润（profit）：企业生产产品并卖给顾客后剩下的钱。你可以用收入减去成本来计算利润。

劣势（disadvantage）：问题或坏点子。解决计算机问题的不同方法可能有不同的劣势。

路由器（router）：将局域网（LAN）连接到互联网的设备。

逻辑判断（logical test）：比较两个值的测试。答案要么为True（真），要么为False（假）。

密码（password）：用户为获取网络访问而输入的代码。只有用户知道他们自己的密码。

剽窃（plagiarism）：抄袭别人的作品，并假装是自己的。

曝光量（exposure）：允许照射到相机传感器的光线量。

启动事件（starting event）：使程序开始运行的事件。你可以使用黄色的“Events（事件）”积木块来设置Scratch程序的启动事件。

书签（bookmark）：一种保存你喜欢的网页链接的方法。网络浏览器保存书签。你可以使用书签列表再次快速查找你喜欢的网站。

数码照片（digital photo）：用把图像记录并存储为数字数据的照相机拍摄的照片。

数学模型（mathematical model）：一种工具，使用公式和方程式来帮助企业发现未来可能发生的事情。可以使用电子表格创建数学模型。当你修改电子表格中的值时，你可以看到这些修改是如何影响业务的。

搜索引擎（search engine）：搜索网页的软件。在搜索框中输入关键词或问题。软件会找到与你的关键词匹配的网页。

算法（algorithm）：一个解决问题的思路。它以正确的顺序把解决问题的步骤罗列出来。程序设计就是算法的例子。

随机（random）：不可预测的。例如，如果一个值是一个随机数，你不知道这个数将会是多少。

索引（index）：一种搜索引擎索引，包含万维网上每个页面的摘要。搜索引擎使用这个索引为网页搜索问题提供答案。

条件循环（或条件控制循环）（conditional loop（或condition-controlled loop））：由逻辑测试控制的循环结构。逻辑测试随着循环结构的重复而重复。在Scratch中，当逻辑测试为True（真）时，循环停止。

退出条件（exit condition）：用于停止循环的一种方法。不同类型的循环结构有不同的退出条件。

Wi-Fi：无线连接的另一个说法。

万维网（world wide web，WWW或Web）：互联网的一部分，包含世界上所有的网站和网页。可以使用网页浏览器查看网页。

网络（network）：连接在一起的一组计算机和其他设备（如打印机），以便它们之间共享数据和资源。

网络软件（network software）：有三种不同类型的网络软件：

（1）用于使计算机网络运行的软件；

（2）在网络上运行的应用软件，因此网络上的所有用户都可以使用；

（3）用于管理网络的软件。

网络设备（network device）：用来使计算机网络运行的硬件，如服务器、路由器或集线器。

网页（web page）：用HTML制作的文件。网页文件通过因特网输入你的计算机。你可以在网页浏览器中看到该网页。

网页采集（web crawling）：搜索引擎用来建立万维网上所有网页索引的一种方法。

网站（website）：网页的集合。网站是由一个组织或个人拥有的。网站通常包含有关特定主题的网页。

无线接入点（wireless access point，WAP）：允许无线连接到局域网（LAN）的网络设备。

无线连接（wireless connection）：使用无线接入点（WAP）将设备连接到局域网（LAN）。平板计算机和笔记本计算机通常使用无线连接。

x坐标：一个数字，确定一个点在平面上的左右位置。

协议（protocol）：网络设备之间相互通信和共享数据必须遵守的规则。

修饰（retouch）：去除图像中的错误或不需要的部分。在一个流行的图片编辑应用程序出现之后，修饰有时被称为“图片美化”。

循环（loop）：一种程序结构。循环结构中的命令将重复执行。

y坐标：一个数字，确定一个点在平面上的上下位置。

优势（advantage）：好处或者是好的想法。解决计算机问题的不同方式可能会产生不同的优势。

有线连接（wired connection）：使用电缆将设备连接到局域网。台式计算机通常通过有线连接。

右对齐（right-aligned）：显示在页面或单元格的右侧。

右击（right-click）：使用鼠标右键单击。在大多数应用程序中，右击会显示一个菜单，允许用户对文本、值或图像的选定区域进行修改。

元标记（meta tag）：对网页内容的一种描述。阅读网页的人看不到元标记，但搜索引擎能读取并使用元标记。

造型（costume）：角色可以改变它们的外观。这些不同的外观被称为Scratch中的造型。使用紫色的“Looks（外观）”积木块更改角色的造型。

噪点（noise）：数字图像中不需要的斑点和圆点，产生原因通常是在较暗的条件下拍摄。

蜘蛛（spider）：搜索引擎在爬网过程中使用的一个软件。蜘蛛访问网页并收集每个网页的信息。这些信息用于创建网页的索引。

智能设备（smart device）：可以连接互联网的家用设备。将设备连接到互联网后，用户就能通过互联网对设备进行远程控制。

主体（subject）：照片中的主要物体或人物。

自动对焦（autofocus）：数码相机的一种功能，用来测量相机和被摄物之间的距离。这样可以使镜头正确地对焦。

左对齐（left-aligned）：显示在页面或单元格的左侧。

坐标（coordinates）：用来在平面上设定点的位置的两个数字。这两个数字分别被称为x坐标和y坐标。